U0076208

發現契機×原理解說×應用實例

跟科學家一起認識
構築世界的50個
物理定律

左卷健男／編著　　陳識中／譯

前言

　　請拿一顆蘋果放在你的手上。你有沒有感覺到在蘋果推擠你的手的同時，你的手也在推擠著蘋果呢？我想多數人就算能感覺到蘋果推壓在手上的力量，恐怕也很難感覺到自己的手也在往上推壓著蘋果吧。

　　學習物理最先遇到的難關，就是力學。之所以會覺得力學困難的最大原因，是因為「力量」是看不到的。換個說法，**手和蘋果之間的力量關係，唯有用「科學之眼」，也就是「第三運動定律（作用力反作用力定律）」來「看」，才能夠看到。**

　　當我們推拉其他物體的時候，我們和物體之間一定是互相對彼此施力。此時的「作用力和反作用力必然大小相等、方向相反」。這就是牛頓的發現。

　　科學家幾經失敗後，才終於用「科學之眼」，以及觀察、實驗等洞察，發現了這些定律和原理。

　　本書的目的**是想藉帶著大家認識 50 個物理定律、原理，快樂地了解物理學的基本。**

　　聽到物理學這 3 個字，不少人都因為枯燥乏味的教科書而大感棘手。

　　然而，歷史上眾多的科學家們，卻是像前述那樣，**從對身邊現象的簡單疑問開始，一步一步發現重要的定律和原理。**

　　本書將透過虛構的歷史科學家訪談，讓大家一邊感受這些科學家們的熱情和氣息，一邊解說他們發現的定律和原理。

　　另外，為了讓各位更好理解抽象性高的物理原理，書中還附上了由 meppelstatt 老師提供的有趣插畫和說明圖，以及許多補充註解。相信大家都能跟著發現者的科學家本人，一起快樂地讀下去。

　　同時，本書還會向大家介紹這些定律和原理，對現代人日常生活的各個層面能派上哪些用場。

　　希望能讓大家切切實實地感覺到**「這世界是由物理定律組成的」**這件事。

本書的結構如下。其中除了有某些大家都耳熟能詳的定律‧原理，或許也有一些讀了本書才第一次聽說的知識。

▶ 力與能之章 ～物體是如何動起來的？～

萬有引力定律、第一運動定律、第三運動定律、能量守恆定律等……

▶ 電磁之章 ～我們的身邊充滿看不見的電～

歐姆定律、焦耳定律、弗萊明左手定則、電磁波等……

▶ 波之章 ～所有事物傳遞的原理～

聲音三要素、惠更斯原理、反射‧折射定律、都卜勒效應等……

▶ 流體之章 ～氣體和液體是怎麼運動的？～

阿基米德原理、帕斯卡原理、庫塔-儒可夫斯基定理等……

▶ 熱之章 ～熱是如何產生的？～

波以耳-查理定律、熱力學第零定律、熱力學第一定律、熱力學第二定律等……

▶ 微觀世界之章 ～時間和空間的誕生～

原子的結構、輻射能‧輻射線、核反應、光速不變原理和狹義相對論等……

我們（執筆者）是本質上推動了物理教育易學化的高中和大學的理科教育者、物理教育者。我們的信條是讓物理學的基本原理到最先進的研究，在保持高水準的同時，還要盡可能深入淺出、鉅細靡遺的解說。

我們衷心期盼對物理感到棘手的人，以及學生時代曾經學過，現在卻幾乎忘得一乾二淨的人，都能透過本書重新認識物理定律和原理，並發現物理學的樂趣。

最後，在此對本書的第一位讀者，同時也勞心勞力完成本書編輯作業的綿ゆり小姐表達由衷的感謝。

執筆者代表（編著者）　左卷健男

力與能之章
物 體 是 如 何 動 起 來 的 ？

虎克

對彈簧、木頭、石頭、骨頭等所有物體進行形變實驗

虎克定律適用在所有固體上／虎克連這種東西都研究了／
從微觀的角度觀察彈性的成因

這種時候派得上用場！　從測量（彈簧秤）到住宅、飛機、水壩的安全設計

軼事　「細胞（cell）」的命名者／被牛頓抹消的男人？

斯蒂文

利用三角形計算合力

2力平衡／3力平衡／將1股力分為2股力

這種時候派得上用場！　為什麼電纜鬆垮垮的？／在建築方面大活躍的拱形結構

軼事　斯蒂文的機器

牛頓

在發現之初竟被批評是怪力亂神……

天體之間也存在的萬有引力

這種時候派得上用場！　可以計算地球的質量！

軼事　肖像畫很難畫？／牛頓與蘋果樹

伽利略

推翻天動說，證明了地動說

什麼是物體的慣性和慣性定律？／
在移動中的電車上跳躍，也能原地著地的原因

這種時候派得上用場！　交通事故和慣性定律

軼事　伽利略的慣性定律證明實驗／
在沒有摩擦力和空氣阻力的太空中會是如何？

電磁之章

我們的身邊充滿看不見的電

流體之章

氣體和液體是怎麼運動的？

熱 之 章

熱 是 如 何 產 生 的 ？

微觀世界之章
時間和空間的誕生

力與能之章

物 體 是 如 何 動 起 來 的 ？

物體是如何
動起來的？

羅伯特・虎克

虎克定律

物體受力後會有多大的形變呢？
對玻璃和金屬也適用的偉大定律

發現的契機！

—— 「虎克定律」是17世紀的英國科學家羅伯特・虎克先生（1635～
1703）發現的。

大家好，我是虎克。我從小就喜歡分解機器和畫圖，很擅長機械技
術。長大後，我成為因發現波以耳定律而聞名的波以耳先生的助手，
最後升上倫敦皇家學會（科學家團體）的實驗主任。這個定律就是我在
擔任實驗主任的期間，進行各種與科學有關的實驗時發現的。儘管多
數人都只注意到彈簧的部分，但這個定律適用的層面其實還要廣泛得
多喔。

—— 但這個定律別名就叫「彈簧定律」耶……。

這個定律的重要性在於不只是彈簧，對於所有固體都有效這點。我
對金屬、木頭、石頭、陶器、毛、角、織物、骨頭、肌腱、玻璃等
各種物體都做過實驗，確定了對物體施力時，物體會發生「伸長、縮
短」、「翹曲」、「扭轉」、「歪斜」等變形，且形變量與力量大小
成正比。我還用易位構詞（一種字謎）公開了研究結果。

—— 意思是所有固體都是受力後會變形，停止受力後就會恢復原狀的彈性
體，也就是像彈簧一樣對吧。

沒錯，所以這個定律可以幫助工程師了解建築物和機械等材料受力後
會發生什麼事，是非常重要的定律喔。

▶ 形變（伸縮等）的大小，與引發形變的作用力大小成正比。

▶ 彈性體受到外力時，會產生與外力大小相同的抗力，試圖恢復原本的形狀。這股力就叫彈力。

▶ 以彈簧為例，彈簧的力（彈力）大小 F 與形變（伸縮）幅度 x 成正比，假如比例常數為 k，則三者具有以下關係。

$$F = kx$$

k 是俗稱「彈性常數」的比例常數，表示使彈簧發生伸縮的難易度。

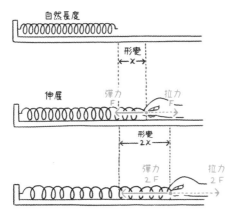

用手拉彈簧時，彈簧也會以相同強度的力拉你的手。而彈簧拉手的力就是彈力（彈性力）。

＊1 在 $F = kx$ 中，力 F 和形變 x 都是純量，不考慮方向。

＊2 嚴格來說虎克定律應為 $F = -kx$。這裡的負號代表彈力 F 和形變 x 的方向相反。

彈性常數 k ＝彈簧伸長的難易度

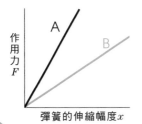

直線斜率小的 B 更容易伸縮！

常數 k（斜率）的值愈大，使彈簧變形需要的力也愈大。

虎克定律適用在所有固體上

固體受力後變形，不再受力後恢復原狀的性質稱為「彈性」。虎克定律不只適用於彈簧，更適用於所有具彈性的固體（彈性體）。對於任何一種固體，倘若受力後變形幅度不大，則會顯現彈性；但若受力太大，會使變形幅度大到無法恢復原狀，最後被破壞。

物體可在一定受力幅度內恢復原狀的性質叫「可塑性」，而超出物體可恢復範圍的變形則叫「塑性變形」。

〔圖1〕 應力與比例極限、彈性極限、破壞點

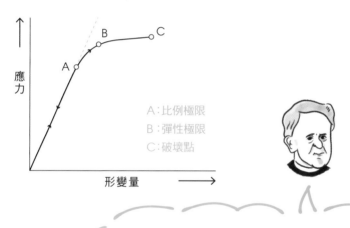

若應力持續變大，最後就會達到應力與形變比例的「比例極限」A。如果此時應力再繼續變大，應力與形變將不再是原本的比例，但在達到「彈性極限」B之前彈簧仍能恢復原狀。然而一旦超過B，彈簧將無法恢復原狀。此時彈簧就來到「破壞點」C。

 ## 虎克連這種東西都研究了

實際上，虎克在整理這個定律時，對金屬、木頭、石頭、陶器、毛、角、織物、骨頭、肌腱、玻璃等做過實驗，確定只要是彈性體，任何物體都

適用這個定律。

　　筆者在理化課上也曾做過玻璃棒的彈性實驗。各位可能會以為玻璃棒受力後一下就會應聲折斷。然而，水平撐住玻璃棒的兩端，在正中央擺上砝碼施加力量後，儘管有點彎曲，但棒子卻沒有折斷。而且拿掉砝碼後，棒子馬上又恢復原狀。

　　而如果持續加重重量，最後玻璃棒會在某個時間點斷裂。這是因為玻璃棒也跟其他固體一樣，達到了超出彈性極限的破壞點。

　　用手指按壓鋼鐵製的堅固桌子，桌子乍看似乎文風不動。但實際上對鋼鐵每 m^2 施加1N（牛頓）的力，鋼鐵大約會收縮20萬分之1。

 從 微 觀 的 角 度 觀 察 彈 性 的 成 因

　　固體的原子、分子、離子（儘管偶爾會有一部分缺損）基本上都是整齊排列的狀態。這些原子、分子、離子會在各自的位置上不斷振動。受到外力擠壓時，被擠壓部分的粒子間隔會稍微縮短，外力消失時則會恢復原狀。這是因為原子、分子、離子之間，皆是如同被看不見的強力彈簧連在一起的狀態。

〔圖2〕 組成物體的粒子之間有看不見的彈簧連接

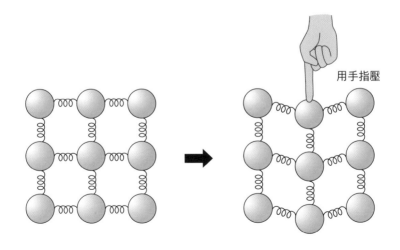

用手指壓

> 這種時候派得上用場！

從測量（彈簧秤）到住宅、飛機、水壩的安全設計

彈簧秤是一種利用虎克定律來測量力量大小的工具。

例如用0.1N的力拉動10cm的彈簧，使彈簧伸展到12cm，則彈簧的伸展幅度為2cm。相反地，當彈簧伸展2cm時，代表拉動彈簧的力有0.1N大。因此我們可以把彈簧這類受力會伸展的工具當成基準，測量各種物體的重量。

在建築設計這類行業，建築師必須知道哪種材料可以用來製造哪種形狀或尺寸的建材，並熟悉材料作為彈性體的性質。此時，會用楊氏模數作為彈性常數 k（材料可分為柔性材料和剛性材料，而楊氏模數就是用來表示材料的軟硬）。像是住宅、大樓、橋梁、汽車、船舶、飛機、堤防、水壩的強度等，都必須利用虎克定律來進行安全設計。

〔圖3〕 磅秤

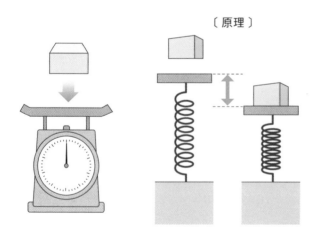

〔原理〕

彈簧秤的原理是利用彈簧的應力和伸縮關係來測重。電子秤則是用力量感測器代替彈簧，用電力測量感應器的變形量。感測器中裝有受力時會收縮的彈性體，功用跟彈簧秤的彈簧是一樣的。

軼事

● 「細胞（cell）」的命名者

虎克的成就不只有發現虎克定律。虎克還曾用數十倍倍率的顯微鏡觀察各種物體，並對看到的影像進行了非常細緻的素描。

虎克在觀察紅酒瓶的軟木塞時，曾推測「軟木塞之所以能浮在水上，是不是因為軟木塞中藏著很多眼睛看不見的空洞呢？」、「但如果有孔隙的話，為什麼水不會跑進去？是不是因為軟木塞存在著某種可以防水的特殊結構呢？」。然後，他用顯微鏡觀察，發現軟木塞中存在很多蜂巢狀的小格子，並將這些格子命名為細胞（cell）。

事實上虎克看到的東西並不是現在我們說的細胞，而是細胞壁，但他仍是生物最小單位「細胞（cell）」的發明者。

● 被牛頓抹消的男人？

虎克擁有優秀的實驗技術，在倫敦的皇家學會擔任書記，在很多領域都留下了功績。然而，後來牛頓當上皇家學會的會長後，卻把虎克留下的眾多實驗器材和肖像畫都銷毀了。這是因為虎克認為自己才是第一個發現光學理論和萬有引力定律的人，與牛頓針鋒相對，受到牛頓的厭惡。一般認為牛頓就是把虎克的痕跡從皇家學會中抹除的人。換言之，虎克曾一度被牛頓從歷史上抹去，直到近年才被科學界重新正名。

物體是如何
動起來的？

力的平行四邊形定律

西蒙・斯蒂文

在橋梁和人體身上也能看到！
三股合力間的定律

發現的契機！

—— 第一個提出「作用於靜止物體上的力量總和，會依循力的平行四邊形
定律」這個主張的人，是荷蘭的西蒙・斯蒂文先生（1548～1620）。

 這個定律發展自古代大發明家阿基米德的研究。我在1586年的著作
《流體靜力學原理》中，想出了以下的機械裝置。首先，在一個2邊
長度比為1：2的三角形上等間隔放置14顆重量相等的球，然後將每
顆球用繩子串聯起來。此時這條球鏈會達成靜力平衡（第27頁）。

—— 只要三角形的頂點上的力達成靜力平衡，「力的平行四邊形定律」就
成立——是這個意思吧。

 後來，我又發現即便是運動中的物體，只要達成靜力平衡，就能套用
力的平行四邊形定律。

—— 我第一次聽到斯蒂文先生的大名，就是將2個重量相差10倍的物體
進行自由落體，結果兩者幾乎同時落地的這個實驗中。

 這個實驗果然在後代也很有名嗎？真令人高興！

—— 其實這個實驗因為伽利略的學生實在太尊敬自己的老師，結果被渲染
成了「是伽利略在比薩斜塔上做的實驗」……（支支吾吾）。

 真的假的！太讓人失望了……。

▸ 力量是一種具有大小和方向的量（向量），所以要用箭頭表示。2股力同時作用時，可以畫一個平行四邊形來計算它們的總和。而由這2股力結合而成的力就叫做合力。

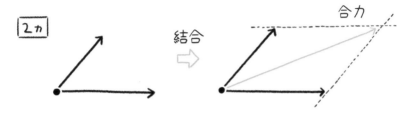

▸ 當存在3股達成靜力平衡的力時，其中任意2股力的合力，也一定會與剩下那股力成靜力平衡。

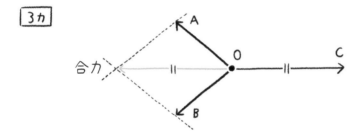

若某力（箭頭OC）與2力（箭頭OA和箭頭OB）平衡，則該力一定與OA和OB的合力方向（箭頭方向）相反，且大小（箭頭長度）相等。

力的加法不是1＋1 ＝ 2。而是同時具有大小和方向的向量加法。

2 力平衡

當靜止物體受力後卻沒有移動，代表有2個方向相反但大小相等的力同時在作用。此時就是2力平衡的狀態。

假如靜止物體受力後開始移動，則分為以下2種情況。

· 只有1力作用的情況

· 有2力作用的情況

（與物體移動方向相同的力較大）

吊在繩子或彈簧下的靜止物體，同時有繩子和彈簧的拉力和重力這2股力在作用，並達成平衡。

〔圖1〕 吊在繩子上的物體和放在桌上的物體

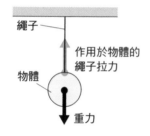
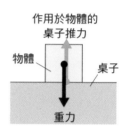

 ## 3 力平衡

想像用繩子從2個不同的方向拉動同一顆球。此時2條繩子的作用力分別是 F_1、F_2。

像右圖那樣把物體舉至高處靜止不動時，作用在物體上的力應為平衡。此時，利用力的平行四邊形定律，可得知 F_1 和 F_2 的合力與物體承受的重力大小相等，方向相反。

儘管作用在物體上的3股力方向各不相同，但只要3股力達成靜力平衡，

〔圖2〕 3力的平衡

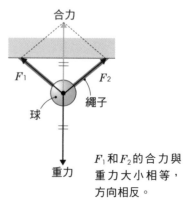

F_1 和 F_2 的合力與重力大小相等，方向相反。

其中任意2股力的合力必然與剩下那股力的大小相等、方向相反。

 ## 將 1 股 力 分 為 2 股 力

1股力也可以反過來被分成2股力。這叫做力的分解，而被分解後的2股力叫做分力。

力的分解恰恰與力的結合相反。

力的結合和分解的差別在於力在結合只會剩下1股力，但力的分解卻能依照分解的方向拆出無限多股力。

〔圖3〕 求力 F 的分力

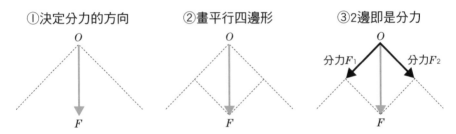

①決定分力的方向　　②畫平行四邊形　　③2邊即是分力

這 種 時 候 派 得 上 用 場 ！

 ## 為 什 麼 電 纜 鬆 垮 垮 的 ？

電線杆之間的電纜線通常不會拉得緊繃筆直，一定是鬆弛地垂出一定的弧度。就跟曬衣繩一樣。

這並不是刻意設計得如此，而是無法避免的現象。

F_1、F_2的合力若不與垂吊的物體所受的重力相等，就無法達成平衡。

〔圖4〕 電纜線受到的作用力

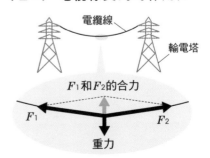

而 F_1 和 F_2 的夾角愈大，需要的力也愈大。

假如 F_1 和 F_2 是一條水平線，那麼無論這兩股力各自有多大，合力都會是零，所以 F_1 和 F_2 不可能是水平的。

 ## 在建築方面大活躍的拱形結構

用磚頭或石頭疊成的圓拱叫做拱形結構。這種結構經常用在橋梁等建築上，相信大家應該都曾見過。

建造拱形結構時要從兩端依序堆起石頭，最後再嵌入俗稱楔石的石塊。拱形結構一定得在嵌入楔石後才能保持穩定。楔石會被兩側的石磚推擠，且此作用力會與楔石本身受到的重力平衡。

拱形結構是一種對來自上方的作用力承受度很強的構造，因此非常適合建造橋梁。不過，一旦楔石碎裂，力平衡就會馬上崩壞。

現在我們已經知道即使不用磚塊或石頭當材料，也能建造出強度極高的拱形結構，因此除了橋梁以外，這種結構也被廣泛運用在隧道、水壩等各式設計上。

而人體其實也存在拱形結構，那就是我們的雙腳。我們的兩隻腳掌各有3個拱形結構，分別用來控制前後、左右、水平旋轉的姿勢。其中，在直立二足步行時負責支撐體重的內足弓最為有名。拱形結構的功效就像彈簧一樣，可以吸收腳掌受到的衝擊。

〔圖5〕 建築中的拱形結構

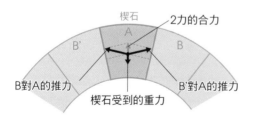

〔圖6〕 腳的拱形結構

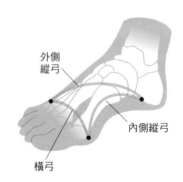

斯蒂文的機器

斯蒂文在《流體靜力學原理》中想出來的機器,是「在一個2邊長度比為1:2的三角形上等間隔放置14顆重量相等的球,然後將每顆球用繩子串聯起來」。將這條由14顆球串起來的鍊子,以長邊4顆球、短邊2顆球的狀態掛在三角形上,則會有8顆球垂在三角形下方。斯蒂文在書中描述此時「鍊子將達成靜力平衡,因此這個機械會維持靜止」,但實際上真是如此嗎?

由於垂在下方的8顆球左右對稱,兩邊各4顆,所以可以確定這部分的受力是平衡的。因此,就算把這個部分從鍊子上拿掉也完全不影響結果。而如果只思考長邊上的4顆球和短邊上的2顆球,將發現它們也是靜止不動的。換言之,所有的力都是平衡的。

因為長邊的長度是短邊的2倍,所以球鍊的重量也會是2倍。這2股力達成平衡,意味著「邊長比=該邊上的重量比」,由此可知圖7-b成立。

〔圖7〕 斯蒂文的機械

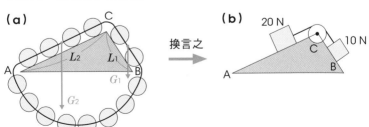

在短邊(長L_1)放2顆球(重量G_1),長邊(L_2)放4顆球(G_2),剩下的8顆球垂在三角形下面。

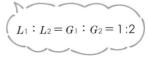

$L_1:L_2=G_1:G_2=1:2$

物體是如何動起來的？

萬有引力定律

所有物體都會彼此吸引。
不論在地上還是宇宙皆是如此

艾薩克・牛頓

發 現 的 契 機 !

—— 「萬有引力定律」是艾薩克・牛頓先生（1642～1727）發現的，並
發表於1687年出版的《自然哲學的數學原理》一書中。

 我的發現建立在前人的努力上。在那個望遠鏡尚未發明的時代，第
谷・布拉赫先生（1546～1601）花了30年的時間記錄下精確的行星
觀察資料。然後約翰尼斯・克卜勒（1571～1630，第64頁）藉由這
份記錄注意到行星的橢圓運行軌道，還整理出了克卜勒三大定律。而
我的發現都要歸功於他們。

—— 原來不是「看到蘋果掉落而靈光一閃」這麼簡單啊。

 當時的人們認為世上的所有力都是透過物體接觸來傳遞的「接觸
力」。因此，像萬有引力這種可以在相隔遙遠的兩物間作用的「超距
力」被認為是一種「超自然理論」，受到很多非議。

—— 但後來有個人在實驗室中證明了牛頓先生的萬有引力定律，而且還算
出萬有引力常數，導出了地球的質量呢。

 在我的時代，由於在地球上任意兩物間作用的引力非常微小，所以大
家都認為要實際算出萬有引力是不可能的任務。知識的接力真的太偉
大了！

▸ 所謂的萬有引力，指的是存在於所有物體間，使物體互相吸引的力（引力）。

▸ 兩物間的引力與物體的質量成正比，與兩物的距離平方成反比。

$$F = G\,\frac{Mm}{r^2}$$

F是萬有引力，G是萬有引力常數，M是物體1的質量，m是物體2的質量，r是兩物之間的距離。
萬有引力常數 $G = 6.67 \times 10^{-11}\,\mathrm{m^3/kg \cdot s^2}$

▸ 萬有引力只對質量很大的物體有意義。萬有引力是連接天體的力，也是使靠近地表的物體墜落地面的力（重力）。

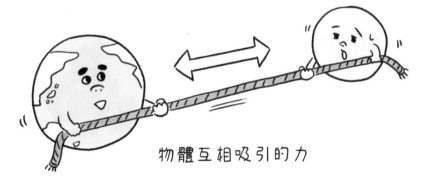

物體互相吸引的力

與構成物體的物質種類和性質無關。即使兩物間存在第 3 個物體也不會產生阻礙。

萬有引力是在帶有質量的所有物體之間作用的力。

天體之間也存在的萬有引力

　　17世紀時由艾薩克・牛頓發現的「萬有引力」，是種存在於帶有質量的所有物體間的力。

　　例如，我們跟我們身邊的人之間也存在引力。只不過我們通常感覺不到那股力。因為引力非常微弱。由於萬有引力會隨著質量變大而增強，所以我們和地球之間的萬有引力很大，但人與人之間的引力卻小得讓人無法察覺。

　　在地球上，由於地球與所有地球上的物體之間都存在萬有引力，所以地球會把所有地球上的物體都吸向地心。因此所有物體一旦沒有支撐都會往下掉。

　　我們通常將「地球把地球上的物體吸向地心的力」稱為重力。那麼重力跟地球的萬有引力是同一個力嗎？

　　正確來說，重力是「地球上靜止的物體所受的力」，是地球的萬有引力和地球自轉產生的離心力的合力。離心力在赤道上最大，不過也只有引力的290分之1。由於大多數情況下都可以無視離心力影響，所以認為地球的重力≒地球的萬有引力基本上沒什麼問題。

　　當我們站在月球上量體重時，會發現體重只有在地球上的約6分之1。這是因為月球的重力跟地球相比只有大約6分之1。所以，在月球上即使穿著沉重的太空服，也能輕鬆地活蹦亂跳。

　　另一方面，在宇宙當中，地球和月球、地球和太陽等天體也會互相吸引。

〔圖1〕 地球和月球間的引力大小

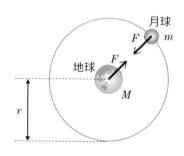

$$F = G \frac{Mm}{r^2}$$

r：地球和月球的平均距離 3.84×10^8 m
M：地球的質量 5.97×10^{24} kg
m：月球的質量 7.35×10^{22} kg
G：萬有引力常數 6.67×10^{-11} N・m²/kg²
F：萬有引力的大小 1.98×10^{20} N

⬤ 可以計算地球的質量！

牛頓認為，只要能在實驗室中測出萬有引力的大小，理論上就能求出萬有引力常數。但是，在牛頓的時代要測量精準測量微弱的萬有引力是一件非常困難的事情。

歷史上第一個完成這個測量的人，是英國的亨利‧卡文迪許（1731～1810）。他出生在牛頓過世後4年。他靠著父親和阿姨留下的龐大遺產成為英格蘭銀行最大的股東，坐擁金山銀山，卻對金錢完全沒有興趣，只為能不受拘束地進行科學研究而感到欣喜。

卡文迪許在萌生測量萬有引力大小的念頭後，在1797年到1798年間在他的實驗室內做了一個龐大的實驗。他用繩索垂吊起一根長183cm的木桿，並將730g的小鉛球固定在木桿兩端，然後在距離小鉛球22.9cm的外側擺上158kg的大鉛球，挑戰利用扭秤測量兩球之間的引力。由於測量微弱的引力需要注意非常多細節，因此他花費將近1年才完成這個實驗。因為在擺滿器材的實驗室內只要有一點動靜都會影響實驗，所以他選擇從隔壁房間挖孔，從孔洞用望遠鏡觀察扭秤的刻度。鉛球之間的引力非常微弱，量出的數值大約只有小鉛球所受重力的5000萬分之1而已。

而由於當時人們已經知道地球的半徑，所以他根據實驗的結果算出地球的質量是60垓t（60兆t的1億倍），平均密度則是5.448g/cm³，並於1798年報告了這項結果。地球的質量就是在這樣的實驗室內算出來的。

〔圖2〕 卡文迪許的實驗

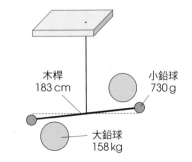

木桿
183cm

小鉛球
730g

大鉛球
158kg

軼事

◉ 肖像畫很難畫？

　　卡文迪許是個與眾不同的怪人，一生沒有結婚。他的性格神經質又內向，而且討厭女人，總是身穿過氣老舊的服裝，甚至有傳聞說「他的人生目的就是不引人注意」。他的厭女情節非常極端，甚至會因為視線接觸就開除女傭，並且因為曾在樓梯上與女傭擦身而過，所以特地在房子後方造了女性專用樓梯。

　　他一生只留下一幅肖像畫，收藏在倫敦的大英博物館。畫下這幅畫的畫家亞歷山大，某次在得知卡文迪許將出席皇家學會的午餐會後，拜託皇家學會的會長班克斯「請邀請我參加這場餐會。並安排我坐在可以清楚觀察卡文迪許先生的座位」，並取得同意。就這樣，亞歷山大才得以用素描畫下卡文迪許的面容。

牛頓與蘋果樹

　　萬有引力定律的發現靈感，據說是來自描述太陽和行星運動的克卜勒定律。

　　然而關於萬有引力定律，還有一個「牛頓看到蘋果從樹上掉落後想出萬有引力」的民間故事。可惜這個故事沒有任何牛頓發現萬有引力當時的文書紀錄或物證支持。

　　據說這個故事是在牛頓發現萬有引力很久之後，與羅伯特・虎克爭奪萬有引力發現者的頭銜時，告訴身邊親人的。在牛頓過世那年，法國文學家伏爾泰在自己的隨筆（1727）中，有段故事提及他曾聽牛頓的姪女說「牛頓是在院子裡工作時，偶然看見蘋果從樹上掉落，才第一次想到了重力的概念」。

　　很遺憾的是，牛頓老家的那棵蘋果樹早已枯萎，不過那棵蘋果樹在枯萎前曾以嫁接的方式培育出第二代。而其中一棵就種植在日本的小石川植物園（東京大學大學院理學系研究科附屬植物園）內。且這棵蘋果樹的接穗後來分給了各地的學校和科學設施，如今日本各地都有種植。

物體是如何動起來的？

第一運動定律
（慣性定律）

汽車無法突然停下！
物體會傾向維持既有狀態的定律

伽利略・伽利萊

發現的契機！

—— 「第一運動定律」（慣性定律）的發現者，是義大利科學家伽利略・伽利萊先生（1564～1642）。

 這項定律跟我提倡的地動說有著很深的關係喔。

—— 當時的主流是天動說，也就是「日夜的變換是太陽繞行地球一圈，太陽和其他天體皆繞著地球轉動」的學說呢。

 那時的人們居然說什麼「天上的天體是神創造的〈完美球體〉，且太陽和其他天體跟地球上不一樣，被賦予了永遠持續運動的性質」……唉。

—— 伽利略先生用自己發明的望遠鏡觀察月亮和太陽，發現月亮表面是凹凸不平的，太陽則存在黑點，以及木星周圍有4個跟月亮一樣的衛星繞行呢。這些發現都對天動說的支持者給予了巨大打擊。

 沒錯。而「天體的運動永不止息」這項事實，就是我的慣性定律的最好證據！

—— 地動說剛出現時，曾遇到「假如地球真的會由西向東轉，那麼從高處落下的石頭不應該筆直掉落，而應往西偏移」這項強而有力的反駁呢。

 當然，實際上石頭並不會偏移對吧？但這點可以用我的慣性定律來解釋。所以慣性定律就是我對地動說批判的反擊啊。

▸ 任何物體只要不受外力作用，或處於靜力平衡的狀態，靜止的物體將永遠保持靜止，運動中的物體將永遠做等速直線運動。這就是慣性定律。

▸ 這項定律也叫牛頓第一運動定律。

只要沒有外力作用，物體將永遠靜止

只要沒有外力作用，移動的物體將永遠以相同速度運動

箭頭是速度

雖然所有物體都存在慣性，
但因為有摩擦力和空氣阻力影響，
所以現實中無法看見第二種現象。

物體會因本身的慣性而持續保持靜止，或者做等速直線運動。

什麼是物體的慣性和慣性定律？

　　我們生活的環境中到處都存在有摩擦力，所以幾乎不可能看到不受力的物體持續做等速直線運動的現象。

　　然而，宇宙中的所有物體都存在慣性，因此都適用慣性定律。只不過地球上因為摩擦力和空氣阻力的存在，所以看不到罷了。

　　慣性定律當然反過來說也是成立的。

　　假如有一物體做等速直線運動，代表該物體上的所有作用力達成靜力平衡，整體的合力為零。

　　例如在等速直線運動的飛機上，「**重力和升力**（托起機體的向上作用力）」、「**推力**（將飛機往前推的力）**和空氣阻力**」就各自抵消。

 〔圖1〕 **飛機所受的作用力**

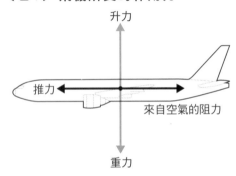

升力

推力　來自空氣的阻力

重力

 ## 在移動中的電車上跳躍，也能原地著地的原因

　　站在地面直直往上跳，落地時我們還是會掉回原來的位置。在行駛中的電車內往上跳也一樣。這是為什麼呢？

　　地球是會自轉的。因此，以東京為例，這裡的人其實隨時都以每小時1400km的速度在往東移動。而這個「時速1400km」是用以下方式計算得出的。

　　地球的自轉是由西往東旋轉。東京從某點旋轉一圈回到原點所需的時間就叫做1天，移動的距離約為3萬3000km。而1天有24小時，所以旋轉的速度就是33000km÷24小時≒1400km/h。意思是住在東京附近的人們，就像坐在一艘名為地球號的超高速火箭上，以時速1400km的速度不斷移動。

那麼，當站在地面的人筆直往上跳，腳下的地面會如何變化呢？

假如無視空氣阻力，從4.9m高度落回地表需要1秒鐘的時間。而時速1400km就相當於秒速400m，因此即使只跳了30cm的高，等到落地時地面也已經向東移動大約24m。

然而，不論我們跳再多次，也依然會在原地著陸。

箇中的原因，是因為我們在往上跳的時候，從離地的瞬間到重新落地的過程中，我們也同樣以時速1400km（以東京為基準）的速度跟著地球一起移動。在起跳前與地球一起移動的速度，在起跳後仍會維持下去。

〔圖2〕 在地球上跳躍

跳

著地

時速1400 km

這種時候派得上用場！

交通事故和慣性定律

「請勿橫越馬路，車輛無法緊急停止」之類的交通安全標語，很好地表達了汽車的慣性。

汽車和電車急速起步時，乘客會往後方倒。這是因為乘客在慣性作用下傾向維持原本的靜止狀態，但車輛卻突然加速往前移動所致。

相反地，汽車和電車緊急剎車時，乘客則會往前方倒。這是因為車輛突然減速停止，而乘客則因慣性而維持原本的前進速度。

乘坐汽車遇到突然緊急剎車的情況時，假如乘客或駕駛沒有繫好安全帶，身體就會往前撞上方向盤或擋風玻璃等，甚至整個人飛出車外。在安全帶普及前，交通事故的受害人常常因為頭部撞擊擋風玻璃而需要做手術縫合傷口。

伽利略的慣性定律證明實驗

伽利略在《關於兩門新科學的對話》這本著作中，透過以下的實驗想到了慣性定律的存在。

將一顆鉛球綁在絲線上，從C點往前擺，鉛球會通過B點，來到與C點同高的D點後回擺。然而如果在E點釘一根釘子絆住絲線，鉛球會從B點畫出截然不同的弧線，到達G點後回擺。而假如把釘子釘在F點，鉛球會在到達I點後回擺。

相反地，如果讓單擺從D、G、I點擺動，則會在碰到C點後回擺。

換言之，從相同高度落下的物體，不論走哪條路徑，都會在到達相同高度後回落。

透過這個實驗，伽利略從「物體自特定高度落下時得到的〈位能〉，可使該物體爬升到相同高度」這件事，得出了「物體帶有的〈位能〉，是一種可抵抗高度做功的能力，不會自然消失」的結論。

〔圖3〕 用釘子去絆住單擺的話……

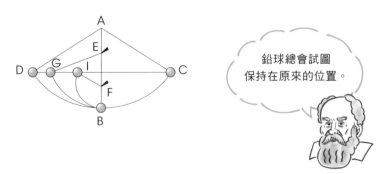

鉛球總會試圖保持在原來的位置。

同時，他還做了把球從斜面滾落的實驗。若是忽略摩擦力和空氣阻力的情況下，從斜面滾落的球一定可以滾回原本的高度。而若把球爬升時的坡面斜率逐漸放緩，最終完全歸零（也就是水平）的話，伽利略認為球將會向前方無限滾動下去。

〔圖4〕 **伽利略的斜面實驗**

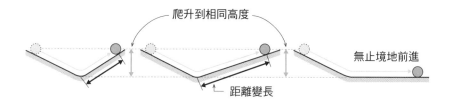

爬升到相同高度

距離變長

無止境地前進

在沒有摩擦力和空氣阻力的太空中會是如何？

將目光投向地球之外的話，還存在著一個沒有摩擦力也沒有空氣的世界。那就是宇宙空間。在沒有摩擦力也沒有空氣阻力的太空，運動的物體將永不停息地運動下去。

太空探測器在脫離地球引力時需要耗費燃料，但一旦離開了地球的重力圈，就能靠著慣性永遠進行等速直線運動。

太陽系誕生至今約46億年，一直牽動著地球等行星，在銀河系內持續移動著。

假如搭載太空人的太空梭把小便排放到艙外會如何呢？

尿液將瞬間結凍，化成無數冰滴四處飛散，在照到陽光後反射出美麗的彩虹色，而且這些尿滴將會不斷往前飛散到無限遠處。

據說以前實際發生過在太空梭的艙外活動時，太空人不小心鬆開了手中的修理工具，結果再也拿不回來的意外。

物體是如何動起來的？

第二運動定律
（運動定律）

從來福槍到新幹線，
所有物體運動的基本定律

艾薩克・牛頓

發現的契機！

—— 「第二運動定律」（運動定律）是由艾薩克・牛頓先生發現的，並發表於1687年出版的《自然哲學的數學原理》一書中。

 這本書從起稿到出版一共花了整整7年的時間。真是累死我了。

—— 這套著作共由3冊組成，整理起來想必很花時間吧。本書似乎是伽利略以來所有運動力學的集大成之作呢。

 我認為自己整理得相當盡善盡美。順帶一提，萬有引力定律（第28頁）也是在這本書中發表的。

—— 話說，在現代科學界已制定出俗稱「國際單位制」的國際化單位標準，包含長度（公尺：m）、質量（公斤：kg）、時間（秒：s）等基本單位。其中為了紀念牛頓先生的貢獻，力量的單位便是以「牛頓（N）」為單位。而1N的定義就是「使質量1kg的物體加速$1m/s^2$的力」喔。

 哦——，那可真是光榮呢！但明明其他還有那麼多偉大的科學家，為什麼會挑上我呢？

—— 這是因為牛頓先生您在光學、微積分、萬有引力定律、運動力學等各領域都有劃時代的發現。尤其可謂力學基礎的「運動方程式」，即是根據本節的第二運動定律而來。

▸ 物體受力時產生的加速度大小，與作用力大小成正比，與質量成反比。這就叫第二運動定律。

▸ 以質量為 m〔kg〕、加速度為 a〔m/s^2〕、力為 F〔N〕，則第二運動定律可表示為以下方程式。

$$ma = F \text{ 或 } a = \frac{F}{m}$$

因為「加速度」的英文是「acceleration」，所以取其字首 a 當作加速度的代稱。

這個式子就稱為「運動方程式」。

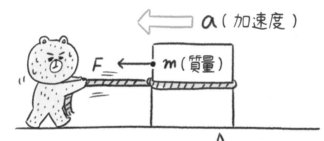

a（加速度）

$F \longleftarrow$ ● m（質量）

假設物體和地板間不存在摩擦

若持續以 F 的力推動物體，則物體會做加速度為 a 的等加速度運動。

物體受力時，會沿力的方向產生加速度。

加速度是什麼？

速度十分貼近我們的生活，但加速度是一種不容易實際感受到的量。當汽車踩下油門或剎車，發生加速或減速時，我們的身體會往後倒向椅背或往前倒向車頭，這種間接性的感受相信大家都曾有過。這就是加速度。

加速度是用來表示加速或減速時單位時間（1秒鐘內）速度發生了多少變化。

加速度可用加速度＝速度÷時間算出。這個區間（1→2）內移動時的加速度，可用速度差（$v_2 - v_1$）和時間差（$t_2 - t_1$）求出。

由於時間的單位是s，速度的單位是m/s，故加速度的單位就是m/s^2（公尺秒平方）。

第二運動定律的意義

根據第一運動定律，沒有受到任何外力（或受到多個外力但整體合力為零）的物體，將永遠保持靜止或以等速運動。

那麼，假如物體受到外力作用的話又會怎麼樣呢？第二運動定律回答的就是這個問題。

此定律用數學表達即為$ma = F$（質量×加速度＝力）。這個方程式變形後就是$a = F \div m$。換言之，作用於物體的外力F（單位是N＝kg・m/s^2）除以物體的質量m（單位是kg），即可得到加速度a（單位m/s^2）。

將1根火柴棒塞進吸管中，再對著吸管用力吹氣，讓火柴棒飛出來。那麼，使用1根吸管吹，跟把2根吸管接成長吸管吹，哪一個情況下的火柴會飛比較遠呢？

實際做做看，會發現用2根吸管接起來的長吸管吹，火柴棒可以飛得比較遠。這是因為長吸管中的火柴棒在吸管中被吹氣作用力推動的時間比較長，因此加速時間也更長，使火柴在離開吸管時的速度更快。

這實驗也說明了短槍（手槍）和來福槍的差異。來福槍射出的子彈初速比短槍更大，可以飛得更遠。儘管實際數值會因子彈種類和槍款而異，但短槍的初速大約在秒速250～400m，來福槍則在800～1000m之間。因為

子彈在來福槍中受力加速的時間比短槍更長。

同質量物體的受力和加速度的關係，是物體的加速度與物體的受力大小成正比。

〔圖1〕 作用於火柴上的加速度

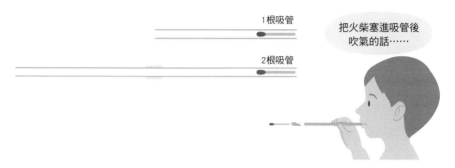

1根吸管

2根吸管

把火柴塞進吸管後吹氣的話⋯⋯

 物體的質量和加速度之間的關係是？

落體運動指的是「物體受地球重力而持續加速的運動（加速度運動）」。而其中完全不考慮空氣阻力，且起始速度（初速）為零的落體運動，又叫自由落體。

在可無視空氣阻力的情況下，所有物體都會同時落地。

不知道你在學校的理化實驗中，有沒有看過以下的實驗呢？

把鐵球和羽毛放進玻璃管中，然後將玻璃管上下顛倒，鐵球會瞬間掉落，而羽毛則會輕飄飄地慢慢掉落。

然而，如果用真空泵把玻璃管內的空氣抽掉，再做一次同樣的實驗，鐵球和羽毛則會同時往下掉。

以相同方法再做一次實驗，把實驗物換成質量100g的物體和其10倍質量1kg的物體，兩者也會同時掉落。之所以會如此，是因為它們的加速度相同。

因為兩者所受的重力相差10倍，因此只考慮重力的情況下，1kg的物體加速度照理說應該是100g物體的10倍大才對。然而兩者的加速度卻相

同，代表一定有「某種東西」以10倍的阻力妨礙了1kg的物體加速。

而這個妨礙了加速的東西正是「質量」。因為1kg的物體要獲得跟100g物體相同加速度的難度也是10倍，所以兩者才會同時落地。事實上，加速度大小與質量的大小成反比。

在無重量狀態（無重量狀態常被稱為無重力狀態，但在太空船上仍會受到與地球距離成反比的微小重力。因此並非沒有重力存在，只是微小到觀察不到重量，所以叫無重量狀態）的太空船中，100g的物體和1kg的物體都會浮在空中。然而，若伸手去推動這2個物體，會發現仍要花費100g物體10倍的力才能推動1kg的物體。因此質量是一種會阻礙加速的性質，表示的是使物體移動的困難度。

因此，在無重量狀態的太空船內，只要利用難以推動的程度就能測量體重（質量）。具體來說，就是用身體壓縮彈簧後，將彈簧彈回時移動的距離換算成體重。

這 種 時 候 派 得 上 用 場 ！

用 第 二 運 動 定 律 來 思 考 ①
新 幹 線

完全停止的新幹線從發車到加速至最高速，需要花費多少時間，期間又前進了多少距離呢？

儘管日本新幹線的最高時速可超過300km，但實際上大多是以時速200km在行駛，因此可以把新幹線的平均時速定義在時速288km。

時速288km等於秒速80m（80m/s）。新幹線發車時的加速度大約是0.5m/s²，因此從靜止狀態到80m/s，需要花費的時間＝速度÷加速度＝80m/s÷0.5m/s²＝160s，也就是160秒（＝2分40秒）。期間的平均行駛速度是40m/s，因此到達秒速80m為止的行駛距離為距離＝速度×時間＝40m/s×160s＝6400m，也就是6.4km。

換句話說，從發車開始計算，新幹線要花上數分鐘才能到達最高速度。

用第二運動定律來思考②
遊樂園的熱門設施

現代遊樂園常見的娛樂設施之一，就是以接近自由落體的速度急速降落的「大怒神」。日本人稱呼這類設施為 freefall，也就是自由落體（物體只受重力影響墜落的現象）的意思，真是簡單明瞭的名稱對吧。

大多數遊樂園內的大怒神，會用可載客的乘坐台將人載到相當於11層樓的高度，也就是約40m的高度，然後再鬆開支撐器，讓乘坐台一口氣往下掉。

這裡省略計算過程，從40m的高度自由落體，大約需要2.9秒的時間才能落地，平均秒速是28m，換算成時速約101km；但因實際上還有空氣阻力的影響，且此類設施在最後的階段會主動減速，因此最高時速只有約90km。

在自由落體的過程中，可以體驗到無重量狀態。這是因為過程中會產生與重力反方向的慣性力。

而最後的減速時身體之所以會有種被擠壓的感覺，則是因為產生了與重力同方向的慣性力。此時人體所受的力可用正常情況下的重力加速度 g 的倍數來表示。例如5倍的重力加速度就寫成「5G」。

〔圖2〕 **在大怒神上往下掉時……**

從40m的高度自由落體，
所需的時間理論上為2.9秒

在大怒神上
可體驗到無重量狀態。

物體是如何
動起來的？

第三運動定律
（作用力反作用力定律）

艾薩克・牛頓

作用於所有事物上的定律。
物體和物體必然會互相對彼此施力

發現的契機！

—— 「第三運動定律」（作用力反作用力定律）也是牛頓先生發現的運動定律之一。這項定律的內容是「物體和物體會互相作用。這種相互作用就叫做力，而力是成對存在的」，我認為這項定律十足描述了力這種存在的特徵*。請問您是如何想到這件事的呢？

注*：也有例外，例如離心力和電車急停時使乘客往前倒的力等假想力，都不存在相互作用的力。

例如把蘋果放在手上，手在支撐蘋果的同時，你會發現手掌本身也會稍微凹陷，感受到來自蘋果的壓力對吧。我是根據這樣的日常經驗，才想出「手對物體作用的同時，物體也對手進行反作用，因此作用力必然會產生反作用力，且兩者的大小相等，方向相反」。

—— 居然是從日常生活的經驗想出來的……。

在我的想像中，所有物體都是由原子組成的。因此我猜想適用於原子集合體的物體上的定律，應該也適用於組成物體的個別原子才對。

—— 不論從整體來想還是用個別的部分來思考，結論都不矛盾。因此您才靈光一閃想到「每個個別部分都會用相同大小的力互相作用於彼此」啊。

這項定律保證了在物理學上，任何物體皆可拆解為個別的小部分來思考——用我的力學體系語言來說就是「所有物體皆可當成『質點』的集合，並用運動定律來詮釋」。

▸ **物體和物體間會互相施力。** 當一方作用於另一方，另一方也會施加反作用力。不可能在自己完全不受力的情況下對對方施力。

▸ 作用力和反作用力永遠位於同一直線上，且方向相反、大小相等。

▸ 作用力和反作用力對於運動中的物體依然成立。

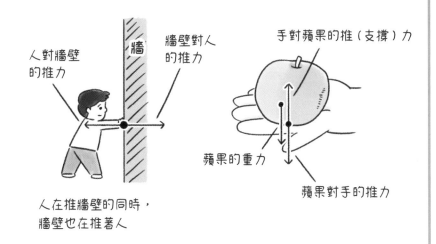

人對牆壁的推力

牆

牆壁對人的推力

人在推牆壁的同時，牆壁也在推著人

手對蘋果的推（支撐）力

蘋果的重力

蘋果對手的推力

推物體的同時，自己必然會承受相同大小的反推力。

推動物體時自己也會被物體反推。力量永遠是成對作用的。

找出作用在物體上的力

在尋找作用於某物體上的所有力之情況時，作用力反作用力定律十分有用。

・首先在地球上，所有物體必定受到**重力**作用

除此之外，還要關注與該物體接觸的其他物體。

當有外力作用於某物體時，必然存在一個對該物體施加推力或拉力的其他物體。假設有一「受力物體Ａ」，則必然存在另一個「施力物體Ｂ」。

・桌子和地板上的物體，會承受來自桌子和地板的**垂直抗力**

・吊在彈簧下的物體，則會受到來自彈簧的**彈性力**（彈簧推動或拉動物體的力）

・吊在繩子或絲線下的物體，則會受到來自繩子的**張力**（來自繩子的拉力）

・在地板上等速運動的物體，會受到來自地板的**摩擦力**

・在空氣中運動的物體，會受到**空氣阻力**的作用

〔圖1〕 作用力反作用力定律的例子

（a）桌子和桌上的物體

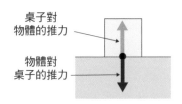

桌子對
物體的推力

物體對
桌子的推力

（b）彈簧和重物

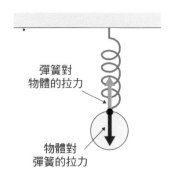

彈簧對
物體的拉力

物體對
彈簧的拉力

作用力反作用力和靜力平衡的差別是？

「作用力和反作用力」與「靜力平衡」兩者都具有「方向相反、大小相等」的特性，如果只關注這點的話很容易使人腦袋打結。但兩者有個重要的差別，就是施力對象不同。

「作用力和反作用力」中，成對出現的力是作用於「2個互動的物體」。

「靜力平衡」中，討論的則是2股力對「單一受力物體」的影響。

這裡讓我們思考一下「擺在桌上的蘋果所受的重力的反作用力為何？」這個問題吧。你是不是以為答案是「來自桌子的垂直抗力」或「桌子對蘋果的支撐力」？（順帶一提，這兩者其實只是同一個力的不同表述方式）但它們其實都不是蘋果所受重力的反作用力，而是蘋果推桌子的反作用力。

蘋果所受的力，分別是「重力」和「來自桌子的垂直抗力」。這2股力雖然是靜力平衡關係，但並非作用力和反作用力的關係。

蘋果所受的重力，是「地球對蘋果朝地心方向的拉力」。換言之，就是「蘋果和地球間的萬有引力」。而因為重力是「地球對蘋果的引力」，所以它的反作用力應該是「蘋果對地球的引力」才對。

〔圖2〕 放在桌上的蘋果所受之重力的反作用力為何？

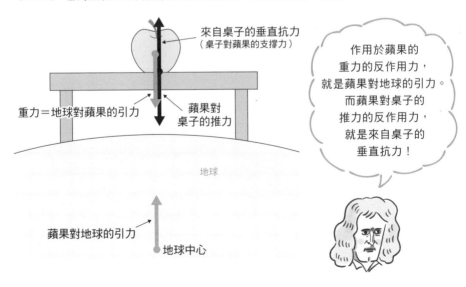

這種時候派得上用場！

生活中的作用力和反作用力

我們走在馬路上時，腳會用力把地面往後蹬，同時地面也會反推我們，使我們往前移動。汽車也一樣，輪胎會把馬路往後推，而馬路會用相同大小的力回推車子。車子就是靠這股力前進的。

在打架時用拳頭攻擊對方的頭，頭對手施加的力和手對頭施加的力是一樣大的。所以打人的那方自己理論上也會痛。在拳擊比賽中選手都會戴手套，這不只是為了降低對對手的傷害，也是為了保護自己的手不被攻擊對手的反作用力所傷。

〔圖3〕 人走路時腳與地面之間的作用力反作用力

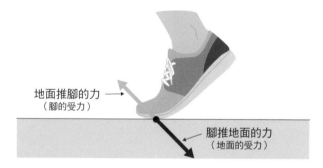

地面推腳的力 →
（腳的受力）

腳推地面的力
（地面的受力）

〔圖4〕 打人的一方也會承受與自己打人相同大小的力

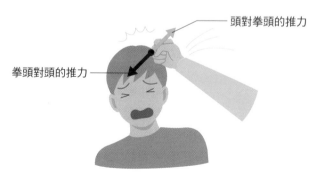

頭對拳頭的推力

拳頭對頭的推力 →

玩滑板時用手推牆壁，即可利用牆壁對手的反作用力，使整個人往後方滑動。

　　鬆開充飽氣的氣球充氣口，氣球會噴出空氣飛出去。此時氣球是靠著噴出空氣的反作用力在前進。

　　火箭的原理也是一樣。火箭會藉由燃料和氧化劑的化學反應，產生大量燃燒氣體高速噴出，利用這股反作用力前進。廢氣會把火箭往前進方向推擠，而火箭則把廢氣往後方推出。所以火箭的推進與空氣完全無關，即使在沒有空氣的真空中也能飛行。

　　手槍發射子彈時，槍體本身也會因反作用力而向後彈，所以射擊時必須用身體承受其反作用力。

　　作用力反作用力定律對靜止和運動中的物體都適用。

　　例如大卡車和小客車正面衝撞時就適用作用力反作用力定律。撞車時，小客車給予大卡車的力，以及大卡車給予小客車的力是一樣大的。但儘管力量大小相同，質量大的大卡車比較不會受影響，質量小的小客車卻會嚴重損毀。

〔圖5〕 人站在滑板上推牆，自己會被往後推

手對牆的推力　　牆對手的推力

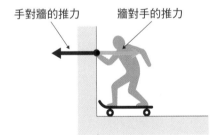

物體是如何
動起來的？

里昂·傅科

慣性力

離心力和科氏力都屬於慣性力。
關於日常生活中的「假想力」定律

發現的契機！

—— 這位是用「傅科擺」實驗（第57頁）證明了地球自轉的里昂·傅科先
生（1819～1868）。請問您是如何想出這個實驗的呢？

是因為一次偶然。有次我無意間看到工具機轉軸上的細長金屬棒在微
微搖晃，仔細觀察了一下發現不論轉軸怎麼轉，搖晃的方向都沒有改
變，於是就萌生了做一個單擺實驗的想法——「假如把轉軸的旋轉換
成地球的自轉，從太空來看振動的方向是不是也不會改變呢？」。於
是我立刻回家，用一條細線綁住5kg的重物吊在天花板上，著手準
備實驗。

—— 然後你就想到可以以此證明地球會自轉對吧。

在我所處的時代，地動說已經是科學界的常識，但仍有一部分的人懷
疑地球的自轉，所以我才想用物理的方法簡單明瞭地展示這件事。於
是我邀請了巴黎市的知名科學家，在巴黎天文台用一個長達11m的
單擺舉行一場公開實驗。這是1851年2月3日的事。

—— 好像在辦活動一樣呢。那實驗的結果如何呢？

幸好從頭到尾都很順利，受到大家的好評。後來路易·拿破崙總統
（拿破崙·波拿巴的姪子，後來的法國皇帝拿破崙三世）聽說了這件事，便
希望我升級實驗的規模，也為巴黎市民展示一遍。前後只隔了大約2
個月不到的時間呢。

▸ 在加速度運動中的人眼中，物體看起來會像受到某種假想力的作用。這種力稱為慣性力。

▸ 在旋轉運動中的人眼中，物體看起來會像受到一股由中心向外遠離的假想力作用。這種稱為離心力。

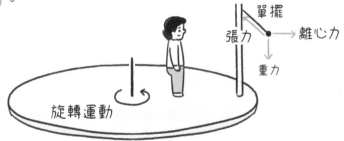

▸ 在旋轉運動中的人眼中，運動中的物體看起來會像受到某種垂直於旋轉軸和速度向量的力作用。這種力稱為科氏力（偏向力）。

> 慣性力是加速度運動、旋轉運動中的人感受到的力。

慣性力

在直線軌道上行駛的電車，發車後逐漸加速時，乘客會感覺有股力把身體往列車的後方拉。而在緊急剎車時則會感覺身體被往前甩。明明實際上沒有任何人在推拉，但車內的乘客卻都同時感覺到的這股力，就叫做「慣性力」。

慣性力是一種列車上的乘客以列車的車體為基準來思考時才能感受到的力，在車外靜止的人看來，實際發生的事則是「列車緊急剎車後停下，但乘客的身體卻繼續順勢往前移動」。

換言之，慣性力是一種運動中的人可以感受到，但靜止的旁觀者感受不到的「假想力」。由於慣性力沒有施力的主體，所以也沒有反作用力可言。

〔圖1〕 急剎車時車上的乘客會怎樣？

乘客會感受到往前的慣性力，但在車外靜止的人看來是「乘客的身體繼續往前跑」。

急剎車

 ## 離心力

同樣的現象也會發生在相對於慣性系統不斷旋轉的旋轉坐標系中。

想像一下搭乘公車或計程車在路口轉彎，此時車上的乘客會感受到一股把自己往外側推動的力，這就是「離心力」。離心力的意思就是由中心往外遠離的力，這同樣是一種實際上沒有施力者的「假想力」，屬於慣性力的一種。據說歷史上第一個寫出離心力公式的人是惠更斯（第58、178頁）。

〔圖2〕 旋轉中的鉛球選手感覺到的力是？

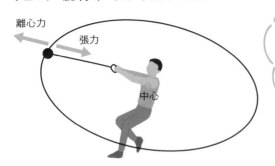

離心力
張力
中心

旋轉中的運動員會
感受到離心力，
但在靜止的旁人看來
「鉛球只是因張力
而作圓周運動」。

科氏力（偏向力）

　　「科氏力」是相對於旋轉坐標系處於運動狀態的物體，看似被一股與速度向量和旋轉軸皆垂直的力推動的現象。因為與速度向量垂直，所以科氏力不影響物體的速度大小，只會改變方向，是一種「使速度方向偏移的力」，因此又叫「偏向力」。其提出者是法國的科里奧利（1792～1843）。

　　因為地球會自轉，所以地表的物體會受離心力和科氏力作用。

　　我們所感受到的重力，是來自地球的萬有引力和自轉產生的離心力的合力。在南北極極點上沒有離心力，但在赤道上則存在垂直向上的離心力，所以人在赤道的上體重會比在極點上少 $\frac{1}{290}$ 。

　　科氏力會影響大尺度的氣流。風在吹過地表的時候，由於地面會因地球的自轉而受到扭轉，因此風的路徑看起來就好像朝自轉的反方向偏斜，這就是科氏力的效果。因此在北半球，颱風等低氣壓性大氣渦流會往左旋。

〔圖3〕 科氏力

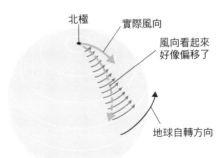

北極
實際風向
風向看起來
好像偏移了
地球自轉方向

赤道上的渦流逆轉實驗是騙人的

去赤道國家旅遊，有時會看到「北半球的水槽水流下排水孔時是向左旋，但在赤道上會直直往下流，而在南半球則向右旋！」的「街頭表演」實驗，但那其實是騙人的。

由於地球的自轉速度非常緩慢，所以科氏力也非常微弱，不可能在水槽的水流這麼小規模的現象中被明顯觀察到。所以「南半球的水槽水從排水口流掉時會往右旋」也是都市傳說。

這種時候派得上用場！

 ## 可以在地球上做無重量實驗的原因

人類日常生活中最有用的慣性力，當屬離心力。洗衣機的脫水、自動蔬菜瀝水器、生物和化學研究使用的離心機等等，都是利用旋轉產生的強力離心力來分離水和其他物質。

遊樂園的尖叫系設施也常常利用慣性力，讓乘客體驗異常的重力環境。尤其是俗稱大怒神的「自由落體設施」，可創造出接近自由落體的狀態，產生向上的慣性力，幾乎抵消乘客感受到的重力（無重量狀態，第45頁）。在以拋物線飛行的噴射機中進行無重量實驗和太空人的訓練，也是利用相同的原理。

在宇宙中太空船內雖然是無重量狀態，但並非完全沒有重力。而是利用反向的慣性力恰好抵消了重力，產生重力與慣性力平衡的狀態。

軼事

傅科擺的實驗

　　路易‧拿破崙當法國總統時，聽說了傅科在巴黎天文台進行的實驗，便命令他在巴黎的先賢祠舉行公開實驗。1851年3月27日，傅科在巴黎市民面前進行了公開實驗，總統也親自前往觀賞。

　　當時他用的實驗裝置，是將67m長的鋼索固定於天花板，並在鋼索末端吊掛重28kg、直徑38cm的黃銅球，規模相當巨大。在觀眾的注視下，黃銅單擺的擺動面在開始擺動後的數小時之間，出現了肉眼也能看見的順時針旋轉。這項實驗不僅得到總統的稱讚，傅科也因此獲得極大的名聲。

　　目前，在巴黎的先賢祠中仍設有按當時情景復原的黃銅單擺。而在日本的上野國立科學博物館以及迪士尼海洋的遊樂設施「要塞探險」中，也能看到傅科擺的蹤影。

〔圖4〕 傅科擺

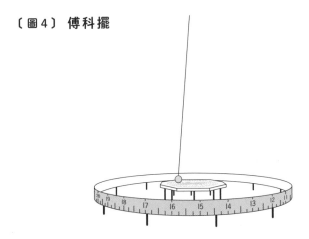

物體是如何
動起來的？

動量守恆定律

從宏觀宇宙到微觀世界，
支配整個世界的最基本定律

克里斯蒂安・惠更斯

發現的契機！

你好，我是荷蘭的物理學家惠更斯（1629～1695）。

這項定律最早出現於笛卡兒先生的著作《哲學原理》中。不過，當時笛卡兒先生將運動量稱之為「力」，後來又改稱「活力」對吧。

因為當時的這些名詞都還沒有精確的定義。而且就連活力的計算方式也有很大爭議，笛卡兒認為是「質量×速率」，但德國的萊布尼茲認為應該是「質量×速率^2」……。

據說這兩派之間的「活力之爭」持續了超過50年。結果到底哪邊才是正確的呢？

這個嘛，其實兩人的主張都是正確的。因為笛卡兒描述的其實是運動量，而萊布尼茲說的是運動能量（動能，第88頁）。不過，如果用運動量來看，笛卡兒的理論無論如何都會出現不適用定律的例外情況。所以我後來才發現運動量應該是「質量×速度」。

速率和速度不一樣嗎？

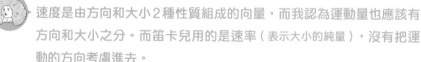
速度是由方向和大小2種性質組成的向量，而我認為運動量也應該有方向和大小之分。而笛卡兒用的是速率（表示大小的純量），沒有把運動的方向考慮進去。

原來如此，所以這項定律是累積了許多科學家的知識才誕生的呢。

▶ 當兩物互相作用，且沒有其他外力存在時，整體的運動量總和永遠固定不變。

動量 P＝質量 m ×速度 V

單位是 kg・m/s。

▶ 假設物體 A、B、C 的動量分別為 P_A、P_B、P_C，質量為 m_A、m_B、m_C，速度為 V_A、V_B、V_C，則三者具有以下關係。

$$P_A + P_B + P_C + \cdots\cdots$$
$$= m_A V_A + m_B V_B + m_C V_C + \cdots\cdots = 固定$$

2 個物體相撞時的動量

　　一般來說，**將物體朝其運動方向推**，物體的移速會變快，動量會增加；**反之若逆著運動方向推，則物體移速會變慢，動量會減少。**請先記住這件事，再來思考物體衝撞時的動量變化吧。

　　假設有一運動中的物體A撞上運動中的物體B，且兩者在同一直線上運動（圖1）。兩者相撞時，A會被朝圖左方向的力 F_{BA} 推回，失去動量；同時B會被朝圖右方向的力 F_{AB} 推動，獲得動量。2股 F 互為彼此的作用力和反作用力。

　　此時，A和B對彼此的作用力 F_{BA} 和 F_{AB} 必定在一直線上，且方向相反、大小相等（作用力反作用力定律，第46頁）。因此，在撞擊中A失去的動量與B得到的動量大小必定相等。換言之，B得到了A失去的動量，所以相撞前後的A和B動量總和一定保持不變。

〔圖1〕 **動量總和在相撞前後保持不變**

假設……
物體A：質量 m_A、相撞前的速度 V_A、相撞後的速度 V'_A
物體B：質量 m_B、相撞前的速度 V_B、相撞後的速度 V'_B

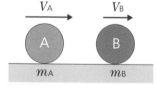
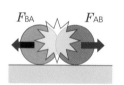
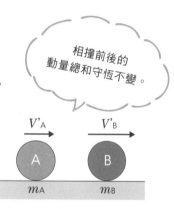

相撞前後的
動量總和守恆不變。

相撞前的動量總和＝相撞後的動量總和：$m_A V_A + m_B V_B = m_A V'_A + m_B V'_B$

不 論 以 何 種 方 式 相 撞 都 適 用

　　不同材質的物體撞擊的方式也各不相同。譬如黏土在相撞後會靜止，小鋼珠相撞後會反彈。有趣的是，不論物體相撞後的表現如何，都一定會遵循這項定律。

這裡為了讓大家更容易理解，請想像2個相同材質且相同大小的物質，分別從同一條直線上的左邊和右邊往中間前進，並相撞。並以往右的速度為正向量。

先想像兩物相撞後停止不動的情況（圖2－a）。假設物體A和B的質量都是m，速率是V，A的動量是mV，B的動量是$-mV$，相撞前的動量總和是零。因為相撞的結果是靜止不動，所以相撞後的動量總和當然也是零，因此相撞前後的動量總和相等。

接著，再想像兩物相撞後彈開的情況（圖2－b）。因為當兩物的大小和質量相同時，彼此會朝相反方向以相同速率彈飛，故假設彈飛的速率為V'。相撞前的動量總和跟（a）情境一樣是零。而相撞後A的動量是$-mV'$，B的動量是mV'，所以相撞後的動量總和依然是零，可見相撞前後的總動量相等。

也就是說，**不論以何種方式相撞，動量的總和永遠守恆不變。**

〔圖2〕 各種相撞方式下的情況

假設⋯⋯
物體A：質量m、相撞前的速度V、相撞後的速度$-V'$
物體B：質量m、相撞前的速度$-V$、相撞後的速度V'

（a）相撞後靜止的情況

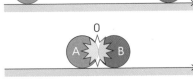

相撞前的動量總和：
$mV+(-mV)=0$
相撞後的動量總和：0（靜止）

（b）相撞後彈飛的情況

相撞前的動量總和：
$mV+(-mV)=0$
相撞後的動量總和：
$-mV'+mV'=0$

無論是哪種相撞方式，
總動量都守恆不變！

這 種 時 候 派 得 上 用 場 ！

動量守恆定律從棒球運動中的擊球，甚至是到原子的世界，對於所有自然現象都適用。

太 空 火 箭 的 開 發

20世紀，全球的注意力開始向太空轉移。然而，因為宇宙是真空的（當然也沒有空氣），所以無法駕駛利用空氣流動飛行的傳統飛機升空。究竟該如何才能前往宇宙，成為科學家們議論紛紛的課題。

就在這時，俄國科學家齊奧爾科夫斯基（1857～1935）向全球展示了利用在宇宙空間也適用的動量守恆定律來飛行的技術。火箭當中的引擎可以高速向後方噴出廢氣，藉由這股反作用力在宇宙中飛行。於是各國開始研發太空火箭，讓人類朝前進宇宙的夢想邁進了一大步。

引 導 了 微 中 子 的 發 現

一般來說，所有的反應和運動都必然遵循動量守恆定律和能量守恆定律（第92頁）。即使在微觀世界也一樣。

科學家發現在原子的世界存在一種名為貝他衰變（中子衰變後產生質子和電子）的現象。然而仔細研究後，科學家又發現在貝他衰變前後，中子的動量和能量並不守恆，而有所減少。這件事在科學界引起軒然大波。因為這個現象顛覆物理學一直以來的根基。

因此，後來被譽為量子力學之父的丹麥物理學家尼爾斯‧波耳（1885～1962）才產生了「巨觀世界的定律不一定適用於微觀世界」的想法。然而，另一派相信最基本的定律即使在微觀世界也應該適用的科學家們，為了保持定律的有效性，便想到「減少的動量和能量會不會是被某種未知的粒子帶走了呢？」。這個想法也成為了科學家們發現未知的粒子——「微中子」的契機。

軼事

 回到太空船的方法

　　假設未來你如願實現了成為太空人的夢想，但有一天你在太空站工作時，最重要的救命繩索不小心斷掉了。太空船遠在你伸手搆不到的地方，而且周圍又恰好沒有其他同伴。請問在這種情況下，你要如何返回太空船呢？

　　像游泳一樣努力划水？不，在沒有空氣的宇宙空間，不論手怎麼划都不可能移動半分。不論如何掙扎都不可能回到太空船。

　　儘管這種情況通常九死一生，但你仍然剩下唯一的方法。沒錯，就是利用動量守恆定律。譬如，你可以扔擲手邊的工具之類的東西，並且要朝與太空船相反的方向扔。如此一來，根據動量守恆定律，就跟火箭前進的原理一樣，你將會慢慢地靠近太空船。由於真空中不會有摩擦，所以理論上你只須扔一次就能回到太空船了。

物體是如何
動起來的？

角動量守恆定律

從天體運行到滑冰，
可以解釋一切旋轉的定律

約翰尼斯・克卜勒

發現的契機！

—— 角動量守恆定律可以說是因觀察天體運行而發現的。它的第一位發現
者是約翰尼斯・克卜勒先生（1571～1630）。

 對於天體的運行，哥白尼先生（1473～1543）曾提出了地動說。然而
當時教會對社會的影響力非常強大，所以人們基本上都相信「地球是
宇宙的中心，而其他行星和太陽都繞著地球旋轉」的天動說。

—— 意思是地動說在提出之初並沒有得到多少認同呢。

 最後是在精密且長期的行星觀測下，天動說才終於退下歷史的舞台。
而在我的理論中，天體的運行已經能被很完整地解釋了。

—— 克卜勒定律是怎麼樣的理論呢？

 第一定律是「行星會以橢圓軌道繞著太陽公轉」。然後第二定律是
「太陽和行星連成的直線，在一定時間內劃過的面積永遠固定不
變」。這個定律雖然被稱為「等面積速率定律」，但其實就是「角動
量守恆定律」。第三定律則與公轉週期和公轉半徑有關。

—— 之後，牛頓先生又藉由克卜勒定律從理論上確立了角動量守恆定律。

▸ 角動量是一種表示旋轉程度的物理量。

▸ 物體做旋轉運動時，若物體的運動方向與由旋轉中心拉向物體之直線的夾角為 θ，運動物體的質量為 m，速度為 v，圓的半徑為 r，則角動量為 $mrv sin\,\theta$。

▸ 當物體除了朝向中心的力之外，不受任何力作用時，角動量守恆。

$$角動量 = mrv sin\theta = 固定值$$

▸ 當旋轉的軌道是圓形時 $\theta = 90°$，所以 $sin\,\theta = 1$（$sin90° = 1$）。因此，可得知角動量守恆定律，$mrv \times 1 = 固定值$。

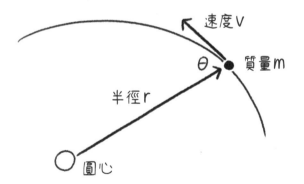

速度V

θ

質量m

半徑r

圓心

改變物體旋轉的半徑，旋轉速度也會改變。

什麼是面積速度守恆？

　　克卜勒第二定律「等面積速率定律」，是在說「太陽和地球（行星）的連線在一定時間內通過的面積必然相等」這件事。

　　繞著太陽公轉的我們的地球，已知是以橢圓軌道在繞行（太陽位於橢圓的其中一個焦點上）。圖1的藍色扇形部分面積，代表的是地球繞太陽公轉時，地球和太陽的連線在一定時間內劃過的面積。面積速度守恆的意思，就是說這個面積永遠是相同的。因此，當地球離太陽比較近時，地球的公轉速度會變快，離得比較遠時則會變慢。

　　將這件事寫成數學式，就是「$\frac{1}{2} rv\sin\theta =$ 固定值」。此時，只要質量 m 沒有發生變化，將式子兩邊同乘以質量 m，然後再乘以2，就能得到角動量守恆定律（$mrv\sin\theta =$ 固定值）。

　　克卜勒是在分析天體運行的紀錄時，發現這個等面積速率定律的，但此定律的本質其實就是角動量守恆定律。

〔圖1〕 **地球繞太陽公轉的面積速度守恆**

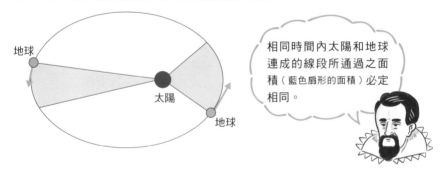

相同時間內太陽和地球連成的線段所通過之面積（藍色扇形的面積）必定相同。

　　日常生活中可以觀察到的角動量守恆定律

　　所謂的角動量守恆定律，就是說當物體旋轉的半徑改變時，則物體旋轉的速度也會跟著變慢或變快。只要運動中物體的質量沒有改變，角動量守恆定律便可寫成「半徑×速度＝固定值」。這個現象在日常生活中也能經常看到或體驗到。

〔把線纏在棒子上時〕

在粗棒上綁一條線，然後在線的末端綁上重物，用力旋轉，線會一圈圈地纏到棒子上。

隨著旋轉圈數增加，線會變得愈來愈短，而因為角動量守恆，所以線在變短的過程中旋轉的速度也會愈來愈快。

〔圖2〕 把線纏到棒子上……

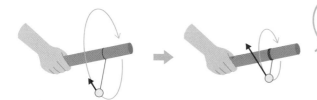

隨著線一圈圈變短，
旋轉速度
也會愈來愈快！

〔坐在旋轉椅上旋轉時〕

坐在旋轉椅上用力旋轉，然後把手腳大大地張開。此時，你會感覺到旋轉的速度頓時慢了下來。

接著再把手腳縮回來，這次你又會感覺到旋轉的速度加快。這是因為角動量守恆定律告訴我們「半徑×速度＝固定值」，所以

手腳離身體近　→　旋轉半徑小　→　轉速變快

手腳離身體遠　→　旋轉半徑大　→　轉速變慢

滑冰中華麗的旋轉動作也是基於相同的原理。滑冰選手會在旋轉過程中藉由縮回張開的雙手來增加轉速，然後再展開雙手進行減速。

〔圖3〕 在旋轉椅上一邊旋轉一邊張開手腳……

快

慢

手腳的開闔幅度
可以改變旋轉速度！

這種時候派得上用場！

● 體操競技對小個子比較有利！？

在體操競技中，常常會聽到「個子高大的選手比較不利」的說法。這究竟是為什麼呢？

以體操中空中迴旋的動作來說，個子高大就意味著沉重的頭部和雙腿等的旋轉半徑變大。因此根據角動量守恆定律，在物理學上轉起來必然比較吃力。所以說，**個子高大的人會因為角動量守恆定律導致轉速較慢**，先天就存在物理上的限制。

這個現象可在體操的旋轉動作中看到顯著的差異。

例如「直體後空翻」，這是一種身體保持筆直（伸直）在空中旋轉的技巧，在各種翻轉動作中給人的印象比較緩慢而優雅。而與此形成對比，如3重後空翻這種要求旋轉速度的技巧，則需要抱住腳縮短旋轉半徑來增加轉速。

〔圖4〕 身體的開闔幅度可改變旋轉速度

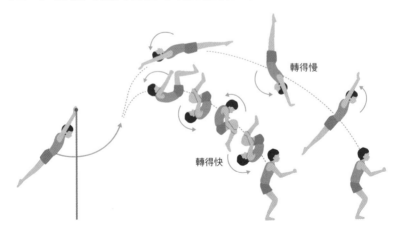

轉得慢

轉得快

 貓旋（落貓問題）

抓住貓的腳，讓牠們背部朝下，然後放開手，就能發現貓咪會在半空中扭轉身體輕鬆著地。

貓即使在半空中也能不借助外力迴轉身軀。用直覺來想，這真是一件非常不可思議的事。因為貓在落下前是靜止的狀態，所以角動量是零，而在落下的過程中貓的角動量也該全程守恆為零才對。因此，理論上貓是不可能在空中改變身體方向的。

事實上，貓在空中時背部其實是彎曲的，因此可藉由扭動身體和伸縮手腳，在保持角動量為零的狀態下改變方向。

貓旋詳細的運動機制相當複雜，一度困擾了很多人，甚至1969年還有人發表過有關貓旋的正經論文。另外，也有人利用機器人來做實驗。

不過，萬一沒有弄好的話貓咪仍可能受傷，所以請不要真的抓貓咪來實驗。

〔圖5〕 貓旋的分解動作

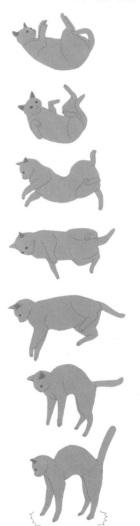

物體是如何動起來的？

單擺定律

從大航海時代到現代，
持續銘記歷史的定律

伽利略．伽利萊

發現的契機！

—— 用細線綁住重物，稍微橫向拎起重物後放手，重物會來回橫向搖擺。此類物體就叫做單擺。伽利略先生，這次能請您為我們講解一下「單擺定律」嗎？

最初的契機是我年輕時在教堂看到天花板上的吊燈搖晃。我在那時注意到單擺的週期（往返一趟的時間）不受振幅（擺動的最大值與靜止不動狀態的差）大小影響，永遠固定不變。

—— 據說您是用自己的脈搏來測量週期的對吧。

這在當時是醫學上常用的方法。除此之外，我也測試過在容器的水全部漏完的時間內，單擺可往復幾次。根據實驗結果，單擺的週期與振幅和重物質量無關，只由單擺的長度決定。

—— 這個現象在現代被稱為「單擺的等時性」。

對了，還有一件事不得不說。那就是單擺定律（單擺的等時性）的適用範圍。只要親自做做看實驗就會知道，當單擺擺動至最高點時的直線與垂直線（單擺靜止時的擺繩）間的角度太大時，這個定律就會逐漸失效。

—— 所以單擺定律其實是一種只在振幅夠小時才成立的近似定律。

▸ 單擺的擺動具有週期性。在一定時間內會不斷重複相同的運動。這叫做單擺的等時性。

▸ 單擺的週期與懸吊物的質量、振幅無關，完全由單擺的長度決定。

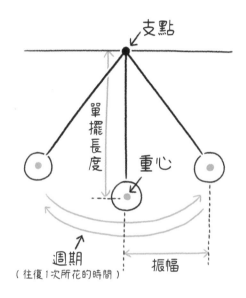

支點

單擺長度

重心

週期
（往復1次所花的時間）

振幅

振幅是
單擺的垂直位置與
擺動至最高點時的差。
換言之就是單擺擺動的幅度。

單擺的週期不隨垂吊物質量改變。單擺的長度愈長，週期愈長。

鐘 擺 的 等 時 性

單擺的週期與單擺長度的平方根成正比。

週期〔T〕、單擺長度〔l〕、重力加速度〔g〕具有以下關係。

$$T = 2\pi\sqrt{\frac{l}{g}} \quad \cdots\cdots ①$$

相同長度的單擺擺動一次所花的時間（週期）不受單擺重量和振幅影響，永遠是固定的。這就叫單擺的等時性。

伽利略有一次在前往教堂做禮拜時，看到禮拜堂天花板懸吊的吊燈緩緩地左右搖晃，便用自己的脈搏當時鐘測量吊燈左右擺盪一次需要的時間（週期）。結果，他發現在吊燈的擺盪幅度逐漸變小後，擺盪的週期依然沒有改變。

伽利略回家後立刻準備了2個長度相同的單擺，讓其中一個用力盪出去，另一個小力盪出去。結果他發現2個單擺會同時擺動，證明了自己在教堂的觀察是正確的，由此發現了單擺的等時性。

〔圖1〕 單擺的運動

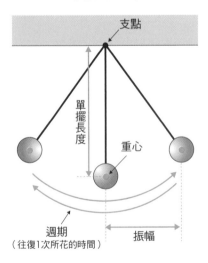

振動：物體以單一狀態為中心一來一往的
　　　週期性運動。

週期：1次振動所花的時間。單位是〔s〕
　　　（秒）。符號以T表示，代表時間
　　　（time）。

振幅：垂直位置（振動中心）與擺動至最高
　　　點時的差，也就是擺動幅度。最高
　　　點與振動中心的夾角（擺角θ）愈
　　　小，則振幅愈小。

頻率：1秒鐘內振動的次數（在電學等領
　　　域又叫周波數）。單位是〔Hz〕（赫
　　　茲）。

振幅愈大，週期愈亂

前一頁的①式必須再加上一個「擺角 θ 很小」這個條件才能導出。當擺角 θ 變大，這個式子就會逐漸失效。所以單擺的等時性是一種只在擺角較小時才成立的近似定律。

那麼，擺角 θ 變大後，週期會偏離多少呢？

圖2是拿掉「擺角 θ 很小」這項條件後，將擺角在0°到90°之間週期的相對值（偏移）畫成線圖後的結果。在小於45°時，週期的偏離只有4%，但達到90°後便上升到18%。

日本通常在小學五年級就會教到「單擺」。據說有的學校還會做實驗，讓學生實際看看擺角在60°和90°時「單擺的等時性」被推翻的情況。而社群網路上還出現過一個故事──說某個老師在看到「單擺的振幅愈大，擺動週期就愈長」的結果後，告訴學生「如果有確實按照課本的步驟做的話，週期就不會改變」，因此引發了一番討論。

現在，教科書上大多不會告訴學生單擺的等時性是一種近似定律，並在實驗時要求振幅一定要是20°。事實上應該限制擺角在40°以下，可以的話最好在20°以下。

〔圖2〕 擺角 θ 愈大⋯

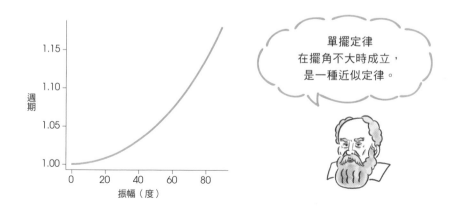

這 種 時 候 派 得 上 用 場 ！

時 鐘 的 歷 史

單擺定律也被應用在計時的時鐘上。

伽利略在世時曾萌生設計一個單擺時鐘的念頭，但最後並未完成這個想法。在他死後不久，荷蘭的惠更斯才發明了歷史上第一座單擺時鐘（1656年）。單擺時鐘後來也被應用在天體觀測和航海，對科技的發展有著不小的貢獻。

時鐘製造業者很清楚只有擺角夠小時單擺才會表現出等時性，因此發明了可把振幅控制在4～6°的擒縱器。由於振幅很小，所以需要的動力（發條）也變小，損耗也跟著降低了。

1次擺動費時2秒的單擺大約要1m長，擁有這種細長單擺的時鐘（柱鐘）被廣泛設置在各地。例如美國流行歌〈爺爺的古老大鐘〉中出現的那座時鐘便是這種鐘。

隨著擒縱器的改良以及發現了解決金屬熱脹冷縮問題的方法，到了18世紀中葉，精密的單擺時鐘已可實現1週內只偏離數秒的精度。單擺時鐘從誕生到1927年石英鐘被發明出來的270年間，因為良好的精確度而成為全球的計時標準，在第二次世界大戰期間也被當成計時標準使用。

機械式的手錶和座鐘利用的是一種名為游絲的彈簧的振動來運轉。游絲可以說是一種把單擺的結構小型化到可以塞進手錶內的設計。

而日本發明的石英鐘，利用的則是石英在施加電壓後會以固定週期振動的性質。20世紀的石英鐘，誤差已經能降到1秒鐘以下。因為便宜又精準，所以很快便大量普及。

軼事

◉ 時間的測量究竟能多精準

　　在過去，「1秒」是用地球的自轉來定義的。因為人們認為1天的長度是固定不變的。然而，實際上用高精度的方法去測量後，人們發現地球1天的長度是會隨著潮汐力和季節而改變的。

　　因此，在1967年之後，科學界改用銫元素的性質當作時間的基準。在1967年舉辦的第13屆國際度量衡總會上，科學家們將1秒的長度定義為「與外界完全隔離的銫133原子基態的2個超精細能階間躍遷對應輻射的91億9263萬1770個週期的持續時間」。然後在2019年，儘管實質上定義沒有發生改變，但科學家又把測量條件變得更加嚴謹。

　　原子在照射到微波時，只會在特定的頻率（振動數）吸收能量，使能量狀態略微上升。以銫原子來說，就是91億9263萬1770個週期。所以這個微波的週期就是91億9263萬1770分之1秒。換言之這個週期的91億9263萬1770倍就是1秒鐘。

　　最新的銫原子鐘已能達到10^{15}分之1的精準度，相當於從恐龍滅亡的6500萬年前一直計時到現代，只會出現2秒的偏差。

　　銫原子鐘也被應用在全球定位系統（GPS）等技術上（第321頁）。

物體是如何
動起來的？

槓桿原理
（槓桿定律）

從剪刀到整個地球！？
讓小蝦米也能推動大鯨魚的定律

阿基米德

發現的契機！

── 古希臘學家阿基米德先生（西元前約287～西元前212）在研究當時已被
廣泛利用在各種工作中的「槓桿」後，發現了「槓桿原理」。

 我出生在敘拉古（位於義大利西西里島海岸的一座城市），後來前往埃及
的亞歷山卓求學，在那裡學習幾何學。當時的人們都是用經驗來判
斷槓桿「應該把支點放在哪裡才能撐起重物」，於是我在回到敘拉古
後，就嘗試用幾何學來驗證槓桿原理。

── 阿基米德先生曾講過一句豪語：「只要給我一個支點，我就能移動地
球」呢。據說你還曾在敘拉古國王的命令下，製作利用槓桿原理的滑
輪，移動了剛建造好的三桅帆船。

 從理論上來說，槓桿的確是可以移動地球的。對了，我記得有一次羅
馬人入侵敘拉古時，我就利用槓桿原理發明了各種新武器，讓羅馬軍
大傷腦筋呢。

── 阿基米德先生最有名的事蹟是發現了阿基米德原理（浮力的原理，第
216頁），但大家也不能忘記您也確立了槓桿原理呢。在您過世後，
世人依照您的遺言，在您的墓碑刻上了「與一圓柱內切的球的體積，
等於該圓柱體積的3分之2」的幾何學圖案喔。

 嗯。因為我在世時最心心念念的就是如何將幾何學應用在科技之中
啊。

▸ 利用槓桿可以將微小的力放大，或是將巨大的力變小。

▸ 手對槓桿施力的點叫做施力點，支撐槓桿的點叫支點，力量作用的點叫抗力點。

▸ 要使槓桿保持平衡，必須滿足以下等式。

| 施力點的作用力大小 | × | 支點到施力點的距離 | = | 抗力點的作用力大小 | × | 支點到抗力點的距離 |

▸ 「施力點上的作用力大小 × 支點到施力點的距離（或抗力點上的作用力大小 × 支點到抗力點的距離）」是一種旋轉的作用，稱為力矩。當槓桿左右兩邊的力矩相等時，槓桿就會保持平衡。

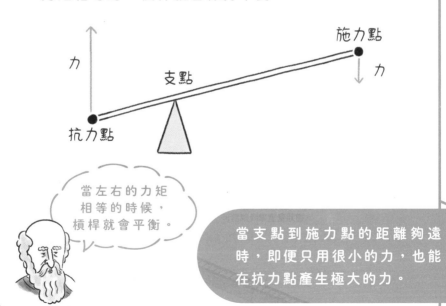

力

支點

施力點

力

抗力點

當左右的力矩相等的時候，槓桿就會平衡。

當支點到施力點的距離夠遠時，即便只用很小的力，也能在抗力點產生極大的力。

第一類槓桿：拔釘器、剪刀

我們的生活中有很多槓桿。

如鐵撬、剪刀等按施力點－支點－抗力點的順序排列的槓桿稱為「第一類槓桿」。

以鐵撬為例，若支點到施力點的距離為支點到抗力點的5倍，則用5分之1的力氣就可以拔起釘子。

※箭頭單純用以表示施力的方向（以下同）。

〔圖1〕 第一類槓桿

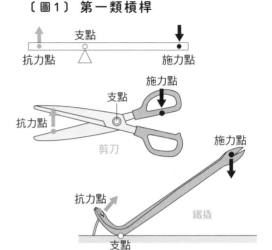

第二類槓桿：開瓶器、打孔器

開瓶器、打孔器等按施力點－抗力點－支點的順序排列的槓桿則是「第二類槓桿」。

〔圖2〕 第二類槓桿

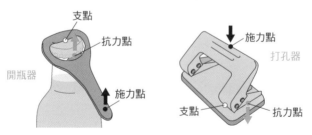

第三類槓桿：手的運動、划槳

依照抗力點－施力點－支點的順序排列的槓桿屬於「第三類槓桿」。

這種槓桿跟第一類、第二類不一樣，在抗力點產生的作用力小於施力

點。換言之，這種槓桿沒有省力的功用。

　　這類槓桿的好處，在於可以在施力點用小幅度的運動，於抗力點做出大幅度的運動，使抗力點的動作大幅加速。

　　例如利用單槳划船或是以鏟子挖土時，船槳的下半部分和鏟子尖端的速度會大幅加速。而我們的手臂運動、鑷子、夾子等工具也屬於此類槓桿。

〔圖3〕 第三類槓桿

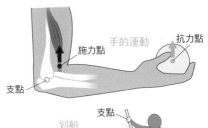

旋轉作用點的槓桿

　　例如想像一個兩端到支點的距離比為1：2的槓桿。在短的那端放上要抬起的物體（接觸點即是抗力點），然後抓住長的那端往下壓。此時，我們只需要使出物體一半重量的力即可抬起物體。

　　作用於施力點的力和旋轉中心（支點）到施力點的距離（手長）的積稱為力矩。在工學上又叫扭矩。

　　有一種槓桿的作用方式，是在施力點施力時，會讓抗力點繞著支點旋轉。例如螺絲起子的握柄部分就是施力點，而轉軸中心是支點，尖端嵌入螺絲的部分則是抗力點。

〔圖4〕 門把、螺絲起子、腳踏車龍頭和汽車方向盤

門把

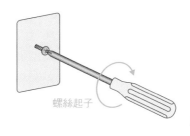

螺絲起子

腳踏車龍頭或汽車方向盤

物體是如何
動起來的？

功的原理

不論用不用工具，
做功的量都不會改變

伽利略・伽利萊

發現的契機！

—— 伽利略先生發現的「功的原理」，據說發現時早已是在經驗上廣為人
知的概念，請問這是怎麼回事呢？

 人類自遠古時期就已經開始思索「如何用更少的力完成更多的工
作」這個問題。於是，想出了利用斜面把重物運往高處的方法，並發
明槓桿和滑輪等工具。

—— 意思是只要利用這些方法，就能比直接用手搬運更省力地完成工作對
吧。

 然而，這些方法雖然比較省力，卻會讓搬運的距離變長，故以最終的
結果來說工作量並沒有改變。而這就是「功的原理」。

—— 伽利略先生在著作《論力學（Le meccaniche）》中詳細介紹了這件
事呢。

 我聽說有些技師具有非常周詳的知識，便想以他們的經驗和技術性知
識，將力學系統化。

—— 伽利略先生在大學擔任教授的同時，也在自宅講授力學呢。由於您的
努力，人們得以搞懂「即使利用機器也無法偷懶」的功的原理。

 話雖如此，工具和機器並不是完全沒有用喔。使用工具的目的是在於
提高做功的效率。畢竟若完成一件工作需要花費好幾萬年，就跟做不
到沒什麼兩樣啊。

▶ 對物體施力，使物體往施力方向移動時，力對物體做的功 W，在物理學上的定義為力的大小 F 和物體朝施力方向移動的距離 S 的乘積 FS。

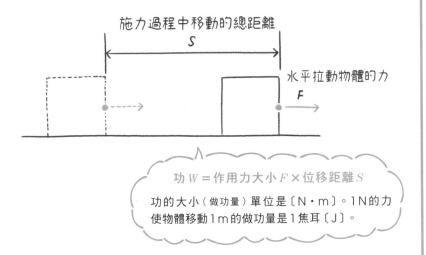

施力過程中移動的總距離

S

水平拉動物體的力

F

> 功 W ＝作用力大小 F ×位移距離 S
>
> 功的大小（做功量）單位是〔N·m〕。1N的力使物體移動1m的做功量是1焦耳〔J〕。

▶ 利用工具可以省力，但會增加施力的距離，因此做功量不會改變。

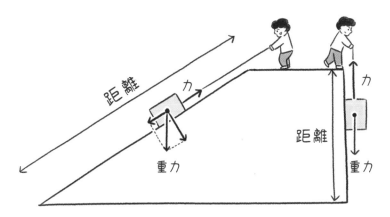

距離

力

重力

距離

力

重力

做功量不變是什麼意思？

把一物拉上30°的斜坡，所需的力量只有垂直抬起它的一半（圖1）。然而，這麼做也有不划算的地方。因為在30°的斜面上把物體抬升到相同高度，需要移動的距離也是直接抬起的2倍。從結果來看，不論是直接抬起還是利用斜坡，做功的總量都沒有改變。

〔圖1〕 抬起物體所需的力

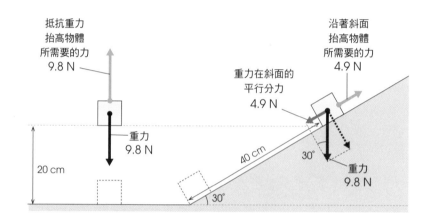

30°的直角三角形的邊長比為1：2：√3

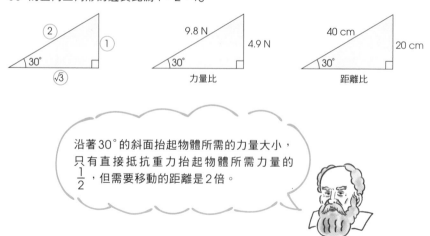

沿著30°的斜面抬起物體所需的力量大小，只有直接抵抗重力抬起物體所需力量的 $\frac{1}{2}$，但需要移動的距離是2倍。

這種時候派得上用場！

⬤ 起重機抬起重物的原理

做功的大小不會改變，這點對於槓桿也是一樣的。

滑輪可分為定滑輪和動滑輪（圖2）。

定滑輪是把滑輪固定在天花板上，功用是改變拉動繩索的方向，並沒有辦法把力量放大。

而動滑輪若不考慮滑輪本身的質量，則可以只用2分之1的力氣抬起同樣重的東西。1個動滑輪可以節省2分之1的力氣，2個就能節省4分之1，3個可以節省8分之1……動滑輪的數量愈多，抬起物體需要的力量就愈少。然而，需要拉動的繩索總長度也會跟著變成2倍、4倍、8倍。

建築工地所使用的起重機，就是多個動滑輪和定滑輪的組合，並纏上好幾圈繩索。歸功於這樣的設計，起重機才能用很小的力量抬起非常沉重的物體。

〔圖2〕 定滑輪與動滑輪

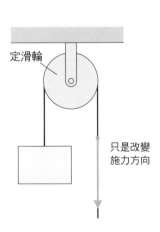
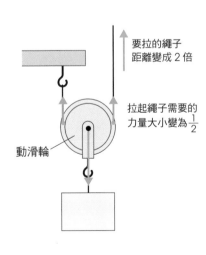

軼事

人類的功率是？

　　功的效率（1秒鐘內可以做多少功）稱為功率。功率可用功的大小 W，除以做功所花的時間計算得出。功率的單位是瓦特〔W〕。

　　功率單位 W 也被用在家電產品上。例如購買日光燈或電視等家電時，我們都會看一下這是幾 W 的產品對吧。但你可以想像100W的燈泡在1秒鐘內做的功有多大嗎？

　　因為 1W＝1J/s，所以1W就是「1秒鐘內以1N（約等於100g物體所受的重力大小）的力，使某物產生1m位移的功」。100W就相當於1秒內用100N的力，把重約10kg的物體抬升1m的功。這就是100W的燈泡在1秒鐘內做功的大小。

　　功會轉換成熱，所以功率也可以用來表示1秒內產生的熱量。例如人類1天會攝取8400kJ（約2000kcal）的食物，以此能量維持生命。而1天有8萬6400秒，所以粗略來說，我們每個人每秒約會產生100J的熱。換言之，1個人就算站著什麼都不做，做的功也跟點亮的100W燈泡差不多。

　　在狹窄的空間人擠人時常常會感覺到「人的熱氣」；如果知道一個人每秒產生的熱就跟一個100W的燈泡差不多，就會覺得這個現象是理所當然的。

以馬為基準的功率

「馬力」是功率的單位之一。1765年，英國的詹姆斯·瓦特改良了蒸汽機，並為了展現改良後的蒸汽機性能有多優秀，他便以「馬的功率」來當成計量單位。這就是馬力的由來。而當初馬力的算法，是實際找一匹馬來運水，計算其做功量。

現在功率的單位已改用國際單位制的W，但在汽車型錄上仍保留著用馬力來表示最高動力的習慣。

馬力分為英國馬力（HP）和法國馬力（PS），其中1HP＝約745.5W，1PS＝約735.5W。日本使用的是法國馬力。

日本在2004年廢止最大280匹馬力的限制後，車廠便開始接二連三研發大馬力的跑車。

〔圖3〕 1馬力是指？

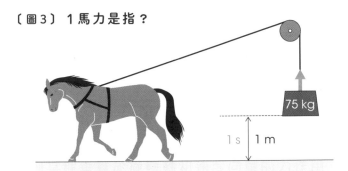

75 kg

1s 1m

將質量75kg的物體抬高1m，在考慮重力加速度（9.80665m/s^2）的情況下需要735.5N的做功量。而這個力在1秒間將物體抬升1m的功率是735.5W。

物體是如何
動起來的？

力學能守恆定律

威廉・蘭金

用於設計雲霄飛車的結構，
能量轉換的定律

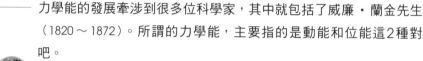

發現的契機！

—— 力學能的發展牽涉到很多位科學家，其中就包括了威廉・蘭金先生
（1820～1872）。所謂的力學能，主要指的是動能和位能這2種對
吧。

是的。動能的力學基礎原理，是由法國的科里奧利先生（第55頁）想
出來的。

—— 科里奧利先生在他的著作中首次創造了「動能」這個詞，並將動能定
義為 $\frac{1}{2}$ ×質量×速度^2（$\frac{1}{2} mv^2$）。

這裡的係數 $\frac{1}{2}$ 十分關鍵。在此之前，動能被稱為「活力」（力的作用
程度），萊布尼茲先生將活力定義為質量×速度^2（mv^2）。而位能則
是由我首度引進的概念。這是發生在1853年的事。

—— 那在此之前是什麼情況呢？

1842年到1847年這段時間，德國的邁爾先生（第92頁）、英國的焦
耳先生（第130、268頁）、德國的亥姆霍茲先生（1821～1894）各自
都研究了能量的轉換，並不約而同地得出能量守恆的結論。

—— 都是多虧他們的研究，才讓原本混亂的能量概念一下子有了清晰的定
義呢。

就這樣，隨著熱、光、電等現象的原理在19世紀逐漸解開，能量的
概念也逐步統一。

▸ 能量就是對其他物體做功的能力。

▸ 位於高處的物體所帶的能量稱為位能。位能的大小隨高度升高而增加，也隨重力加大而增加。

▸ 運動中的物體所帶的能量稱為動能。動能的大小與速度的平方和質量成正比。

▸ 位能和動能可以互相轉換（變換），但兩者相加得到的總力學能是固定不變的。這就叫力學能守恆定律。

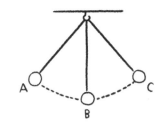

	A	B	C
位能	最大	最小	最大
動能	最小	最大	最小
能量總和		固定	

單擺不論位於
A、B、C哪個位置，
能量的總和都不會改變。
改變的只有能量的型態。

位 能

　　一個重物從高處掉落砸中立在地面的釘子的話，釘子會深深嵌入地面。若從釘子的角度來看，釘子是受到向下的力（重物的重力）作用才釘入釘面的，所以釘子是被做功的那方。

　　把重物抬回原本的高度（高 h），需要對重物施加足以對抗重力 mg 的力，直到高度為 h，所以要做的功是 $mg \times h$。因此位於高處的某物，具有對地面做 mgh 的功的潛能，換言之就是具有做功的能力。

　　通常物體從高處落下，撞到下方的物體時，會讓該物體發生移動。而位於高處的物體所帶的能量稱為位能。位能 E_p 會隨高度 h 增加而變大，也會隨重力 mg 變大而增加，三者的關係可用以下數學式表達。

$$E_p = mgh$$

以何處為基準對於位能的計算相當重要。放在50樓地板上的物體，比放在1樓地板上的物體位置更高。換句話說，放在50樓的物體所帶的位能比起放在1樓的物體更大。

　　然而，假如以50樓的地板為基準，那麼放在50樓地板上的物體位能就是0。由此可見，位能的大小會因作為基準的面而改變。

　　彈簧也具有位能。彈簧存在一個自然長度，當彈簧發生伸縮時，會自然地想要回到原本的長度（彈性）。另一方面，當用手拉開固定於某個定點的彈簧時，彈簧的彈性會試圖讓彈簧回到原本的狀態，此時彈簧的內部就會產生位能。

 ## 動 能

　　運動中的物體與其他物體相撞時，可使其他物體發生形變或位移。換言之，運動中的物體也具有做功的能力。因此，運動中的物體帶有能量，而這股能量就叫做動能。

　　動能 E_k 與速度 v 的平方和質量 m 成正比，可用以下數學式表達。

$$E_k = \frac{1}{2} mv^2$$

力 學 能 守 恆 定 律

位能和動能兩者合稱為力學能。位能和動能可以互相轉換（變換），但兩者的總力學能是固定不變的。這就叫力學能守恆定律。

位能＋動能＝$E_p + E_k = mgh + \dfrac{1}{2}mv^2 =$ 固定值

 ## 單 擺 的 位 能 與 動 能 轉 換

在單擺的情況，位能的基準就是單擺位置最低的地方。

用手抓起單擺舉到某個高度，此時單擺只帶有位能；但放開手後，單擺的位能會慢慢轉換為動能，直到抵達最低點時位能完全歸零，全部轉換成動能，單擺的速率達到最大。接著動能又會重新轉換成位能，直至回到最初放開手的高度。

若是忽略摩擦或放熱等作用的情況下，位能與動能的總和將會符合力學能守恆定律。

〔圖1〕 單擺的運動和力學能

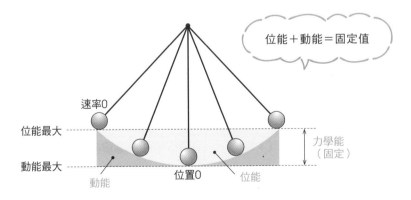

這 種 時 候 派 得 上 用 場 ！

雲宵飛車的運動

　　遊樂園的雲宵飛車，在爬升到最高點後，會沿著軌道上上下下來回衝刺。

　　雲宵飛車在運動的過程中，位能和動能會像單擺一樣不斷轉換。換言之，雲宵飛車在整個過程中攜帶的總能量不會超過爬升到最高點時的位能。

　　因此，雲宵飛車永遠不可能衝到比最初爬升的最高點更高的位置。

　　當雲宵飛車開始往上爬，移動的速率會減少。換言之，此時雲宵飛車的動能逐漸轉換成位能。期間所有能量都遵循力學能守恆定律，動能和位能的總量（和）永遠保持不變。

〔圖2〕 雲宵飛車的位能和動能

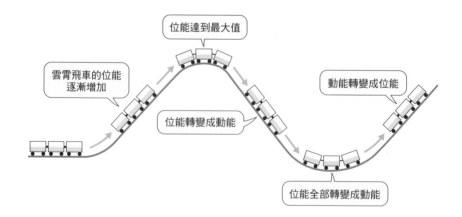

在沒有重力的宇宙空間，物體的位能會變得如何？

沒有重力，就不存在「上下」、「高低」。

假設在宇宙空間，有一個物體以某速度做等速直線運動。此時該物體攜帶大小為 $\frac{1}{2}mv^2$ 的動能。只要沒有其他外力介入，這股動能就永遠不會消失。所以它會持續不斷地進行等速直線運動。

但在地球上，運動中的物體最終都會慢慢減速停下，這是因為物體的動能在過程中轉換成了熱。物體發出愈多熱，動能就減少愈多，使速度愈來愈慢。

換言之，力學能會因為轉換成熱而減少。

因此，我們還必須把變成熱的能量也考慮進來。

把熱量也考慮進來後，我們又會發現力學能和熱量的總和也是永遠不變。

事實上，力學能守恆定律是一個只在沒有摩擦的環境下才有效的定律。

相對地，能量守恆定律則是不論有無摩擦都永遠成立的定律。

物體是如何
動起來的？

能量守恆定律

邁爾

能量會以不同形式顯現，
但不會增加或減少

發現的契機！

—— 本次的來賓是首位闡述了「能量守恆定律」的人，德國的邁爾先生
（1814～1878）。

 我原本是學醫的，曾為了環遊世界而成為船醫。直到有一次我在印尼
的爪哇島停留時，偶然替水手們抽血，發現本該是偏黑色的靜脈血
液……居然是鮮豔的紅色。

—— 血液是紅色的是吧，好的。

 你先聽我說完嘛，在那之後我拚命思索。我們的體溫是血液和氧氣結
合的結果。動物在進食後會吸收養分，然後產生熱。而這個熱量的一
部分會變成體溫，其他的則會轉換成肌肉的機械功。換言之，熱和功
都是「力」的一種表現方式。於是我就想，它們會不會原來都是同一
種東西呢——。

—— 您居然能從血液想到這麼遠啊！

 然後我就想到，機械力、熱、光、電、磁、化學力等自然界所有的
「力」也許都是彼此相關的，而所有的「力」都只是同一個「力」
的特殊形式。

—— 而這個「力」就是現在我們說的能量對吧。邁爾先生的「『力』不會
消失，只會互相轉換」的概念（也就是今天的能量守恆定律），後來在
19世紀中葉被承認為科學事實。

 我的學說居然花了這麼久的時間才被世人認同啊……。

▸ 能量存在著各種形式。

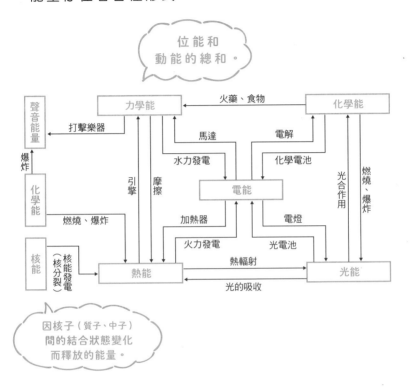

位能和
動能的總和。

因核子（質子、中子）
間的結合狀態變化
而釋放的能量。

▸ 力學能和其他能量的總和永遠不會改變。換言之
全宇宙的能量永遠不會消失，也不會增加新的能
量。這就是能量守恆定律。

所有不同形式的能量都遵循能
量守恆定律。

能量守恆定律

能量守恆定律是主宰自然界的重要基本定律。

力學能守恆定律是只有在「沒有摩擦、不發出聲音」的前提下才有效的定律。但現實中動能並不會全部轉換成位能，大多數的情況是有一部分的動能會轉換成熱能和聲音（空氣的振動）的能量。

轉換的熱和聲音愈多，動能就減少愈多。換言之，力學能會隨著轉換成熱能和聲音的能量而減少。

相對於力學能守恆定律，能量守恆定律是恆成立的定律，與摩擦和聲音是否產生無關。

例如對於存在摩擦和空氣阻力的物體運動，力學能就不會守恆。因為有一部分的力學能會變成熱散發到物體內外。然而，就算變成熱量散發，也只是變成了原子和分子的能量，肉眼看不到而已，並不會就此消失不見。

因此，把化為熱量而損失的能量也算進來，則能量永遠遵循能量守恆定律。

物體相撞的時候也一樣，首先有一部分的能量會轉化成聲音，然後又變成熱，因此可以用相同的方式理解。

能量不會無中生有，
也不會憑空消失。
能量守恆定律被認為是
最基本的物理定律之一。

汽油車的能量轉換

要讓汽車往前跑，首先必須加入汽油等燃料。由石油精煉而成的汽油，是一種帶有化學能的燃料。發動汽車時，引擎內的火星塞會產生火花，點燃汽油和空氣的混合氣體，引發爆炸。

接著，這股爆炸會推動活塞上下運動，轉變成活塞的動能。然後活塞的運動又會轉換成旋轉的能量傳到輪胎，藉著輪胎與地面的摩擦力，再轉換成推動汽車往前進的動能。

此時有一部分的動能會因摩擦而轉換成熱能，因此輪胎在行駛時會變熱和磨損。

汽車的引擎內裝有發電機，發電機運轉時會產生電力。而發電機製造的電力可以讓你點亮大燈、聽收音機或打開冷氣。

增加能量資源中的電能利用

用來產生產業、運輸、生活所需的能量的資源稱為「能源」。自然界中存在著石油、煤炭、天然氣等化石燃料，以及源自太陽的光能等各種能源。

人類社會主要是把這些能源轉化成化學能或電能，用於產業、運輸和日常生活中。

其中電能可以利用電線送到很遠的地方，然後輕鬆地轉換成光、熱、動能等其他能量形式，因此現代家庭和產業對電能的需求愈來愈高。現在，我們從石油和煤炭等能源取得的能量，有將近一半都被轉換成了電能。

抵達地球的太陽能

　　太陽會產生無比龐大的能量，並朝四面八方釋放。這股能量的源頭是太陽的核反應（核融合）產生的核能。

　　地球上可利用的能量，包含核能發電廠的核能、（假如地熱另當別論的話）石油和煤炭等化石燃料的化學能，其根本源頭也都是來自太陽的輻射能量。

　　在地球的大氣層外，每 m^2 面積接收到的垂直入射的太陽輻射能量，每秒鐘約為 1.37×10^3 J，這個數字被稱為太陽常數。假如把這股能量平均分散到地球表面，大約是 3.42×10^2 J。其中約有30%會被反射到太空，因此實際到達地表的只有大約 2.4×10^2 J。

　　儘管抵達地表的太陽能十分龐大，但這股能量無法100%轉換成電能，目前的太陽能發電轉換效率只有15～20%左右。

〔圖1〕 太陽能

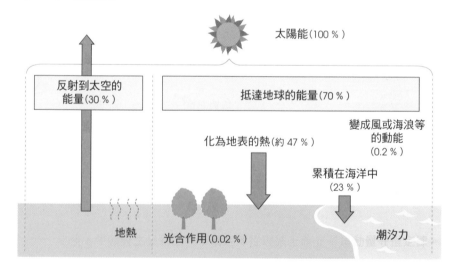

太陽能(100％)

反射到太空的能量(30％)

抵達地球的能量(70％)

變成風或海浪等的動能
(0.2％)

化為地表的熱(約47％)

累積在海洋中
(23％)

地熱

光合作用(0.02％)

潮汐力

電磁之章

我 們 的 身 邊 充 滿 看 不 見 的 電

我們的身邊充滿
看不見的電

電和電流迴路

從靜電、電器、到電話。
充斥身邊的電學現象

威廉・吉爾伯特

發 現 的 契 機 !

—— 自古以來人們便知道靜電的存在，但歷史上第一個解開這種現象之謎的人，是英國的威廉・吉爾伯特先生（1544～1603）。吉爾伯特先生，請問當時人們對靜電現象的認識是什麼樣的呢？

 距今大約2600年前，古希臘的泰利斯先生發現「琥珀（樹脂在土壤中石化的產物，顏色是透明或半透明的黃色）寶石摩擦之後，可以吸附較輕的物體」。這個現象就是靜電現象。

—— 原來不是觸摸門把時發現的啊。吉爾伯特先生在建立磁學的貢獻上更加有名，請問您為什麼會對靜電產生興趣呢？

 我在詳細研究磁鐵性質的時候，發現靜電的性質和磁鐵的性質有易於混淆之處。所以我才覺得應該設法好好區分這兩者的差異。於是我用很多種物體進行實驗，發現不只琥珀有摩擦後可吸附小物體的性質，其他很多物質也有相同的特性。例如玻璃、硫磺、樹脂等等。

—— 所以電學的基礎也是吉爾伯特先生建立的呢。電、電流、電能等詞彙，現在幾乎是無人不知了。

 琥珀的希臘語是elektron，所以我就把這個現象命名為electricity（電）。哎呀，真沒想到會變成這麼有名的詞彙……！

▸ 電分為正（＋）電和負（－）電。正電和負電會互相吸引，而同性電則會互相排斥。

▸ 當物質互相摩擦時，靠近物質表面的負電會移動到另一邊的物質上。這導致物體本身的電性平衡崩潰，變成帶正電或帶負電的狀態。這個現象稱為帶電。

▸ 電流迴路是由電源、電流通過的物質（導線）以及利用電力的機關所組成的。

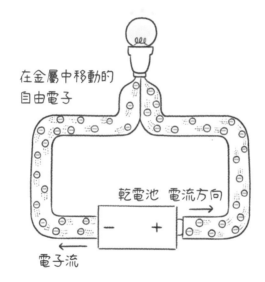

在金屬中移動的自由電子

乾電池　電流方向

－　＋

電子流

施加電壓時，原本四處亂跑的自由電子會整齊地從電源的負極往正極移動。而電流的流動方向則與電子的流動方向相反。

身邊的靜電

穿著衣服將塑膠墊板夾在腋下摩擦幾次，然後放到頭髮上，會發現頭髮被墊板吸起來。

在乾燥的冬日觸摸金屬門把會有觸電的感覺，或者衣服有時會黏在身上。而在黑暗的場所，有時甚至能看到火花。

這些全都是靜電（摩擦電）幹的好事。不同種類的物質互相摩擦，就會產生靜電（相對於此，電池和家用插座的電則叫動電）。

帶電物體（帶電體）上的靜止電，又或是電的流動速度慢到幾乎不會產生什麼影響的電，就叫做靜電。

使用放入螢光板的真空放電管的情況時，陰極（負極）產生的電子流會變成陰極射線穿過螢光板，令通過的地方發光。

靜電可分為正電和負電。例如用聚氯乙烯製的橡皮擦摩擦吸管，吸管會帶正電。

異性電會互相吸引，同性電會互相排斥。這種力量就叫做靜電力。

 靜電發生的原理 —— 祕密在原子中

所有物體都是由原子組成的。而原子則是由帶正電的原子核，以及繞著原子核旋轉的帶負電的電子所組成。通常，原子的正電和負電會互相抵消。原子核位於原子中心，非常難拿出來，位於外側的電子卻很容易被拿走。

由於整個原子的電性是正負相消的狀態，所以物體的電性也是正負相消。

然而，當兩物互相摩擦，電

〔圖1〕 靜電的產生原理

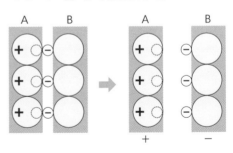

物體A和物體B互相摩擦，A原子上一部分的電子會移動到B去。這使得A的正電變得比負電多，B的負電變得比正電多。

子不容易被取走的物體，會搶走電子容易被取走的物體的電子。結果，得到電子的那一方負電變多，就變成帶負電。另一方面，失去電子的那方則會變成帶正電。

 ## 帶正電還是負電？

　　用衛生紙摩擦氣球，氣球會帶負電。用絹摩擦毛皮，絹會帶負電，毛皮會帶正電。上述這種物體在某種作用後得到電性的現象，就叫做帶電。

　　物體產生的電性和電力大小，會因摩擦對象物體的性質而異。物體分為「容易帶正電的」和「容易帶負電的」。而物體在摩擦後實際會帶哪種電性，要比較兩物誰更容易帶正／負電才能知道。

　　物體摩擦時，何者更容易帶正電或帶負電，可參考下面的比較表得知（這叫做「帶電序列」）。

〔圖2〕 物體帶電的難易度

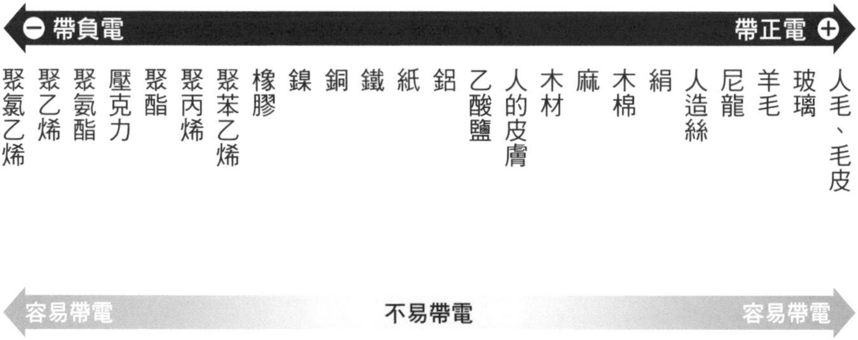

⊖ 帶負電																			帶正電 ⊕
聚氯乙烯	聚乙烯	聚氨酯	壓克力	聚酯	聚丙烯	聚苯乙烯	橡膠	鎳	銅	鐵	紙	鋁	乙酸鹽	人的皮膚	木材	麻	木棉	絹	人造絲	尼龍	羊毛	玻璃	人毛、毛皮

容易帶電	不易帶電	容易帶電

陰極射線的實體是電子流動

1874年，英國的克魯克斯把金屬電極接到近乎真空狀態的玻璃管上，並對電極施以高壓電後，研究在陽極附近的玻璃管的真空放電現象。在玻璃管中放入十字形的物體，正極（陽極）側會出現該物體的影子。

他認為這是因為負極（陰極）的金屬釋放出某種肉眼看不見的類光線所導致，並將這種光線命名為陰極射線。

〔圖3〕 陰極射線實驗

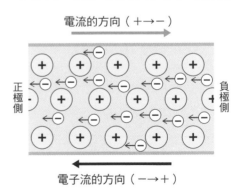

實驗中所用的真空放電管名稱為克魯克斯管

19世紀末，英國的約瑟夫・約翰・湯姆森從對真空放電時陰極射出的陰極射線施加電壓後會彎曲到陽極側的現象，發現了陰極射線其實就是帶負電的電子流。

由此，科學家才知道在金屬電路內流動的電流其實是電子的流動。

電子是從電源的負極流向正極

電流會從電池等電源的正極流出，通過導線，讓電燈泡發光、使馬達轉動，然後再次順著導線流回電源的負極。

電流繞著電路走一圈的路徑又叫電流迴路（迴路）。

電流雖然被定義為「從電源的正極流出，從負極流入」，但實際上金屬中的自由電子是從負極流

〔圖4〕 電流的方向和電子的方向

電流的方向（＋→－）

正極側　　　　　　　　　　　　負極側

電子流的方向（－→＋）

出，從正極流入的。但因為電流的定義在人們還不知道電流的真面目就是電子前便決定好了，所以現代依然把電流定義為「正極→負極」。

表示電流強度的單位則為安培〔A〕。

電流迴路的電壓

電壓代表了電流作用的大小。電壓的單位是伏特〔V〕。若把電流比喻為水流，那麼電壓就像是水壓或幫浦。

乾電池的電壓約1.5V，日本的家用插座則為100V（也有200V的）。

導體上充滿了自由電子，而絕緣體上則幾乎沒有自由電子。在金屬（也就是導體）內部，層層堆積的帶正電原子間有很多自由電子在亂跑。當沒有電壓時這些電子非常自由奔放，但當電壓出現時這些自由電子就會整齊劃一地從負極到正極通過導體。而帶正電的原子只會留在原地不停震動。這就是導體中電流的真面目。

〔圖5〕 電流迴路的電流和電壓模型

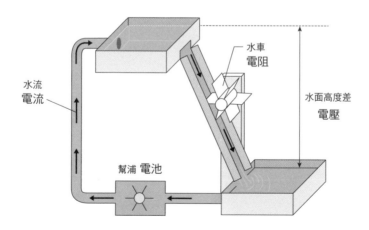

觸電很可怕

電最可怕的就是觸電。

6000Ｖ的高壓電電線上的電當然也很可怕，但觸電事故最常發生在100Ｖ或200Ｖ（通常是100Ｖ，但空調等電器用的是200Ｖ）的家用插座上。家庭內的觸電意外之所以常常發生的緣故，是因為一般人最常接觸到家用插座。

觸電的危險性會隨著通過人體的電流大小和時間而異。

1mA以下的電流只會讓人感覺麻麻的，不會有什麼危險；但5mA的電流就會讓人感到劇痛。而提升到10～20mA，將使人產生難以忍受的麻痺感，引起肌肉收縮，觸電者無法憑自己的力量逃走，相當危險。而提升到50mA則可能導致心跳停止，即使只有短時間通過也非常危險。

由於身體在潮濕狀態下電阻會變小，100Ｖ的電壓也能產生77mA的電流，所以在浴室或洗手台時要特別小心。

電器產品的電路和電線都會用塑膠或橡膠等絕緣體包覆，以免漏電。然而，當絕緣體的部分因老化等情況而破損時，破損的地方就會漏電，導致觸電。

所以像洗衣機或冰箱這種靠近水源的電器，請務必要插上接地線。

另外，有嬰兒或小孩的家庭也要留意別讓兒童把髮夾等金屬插進插座玩耍。

軼 事

打雷是自然界的巨大放電

　　靜電的電壓很高，可達到數千Ｖ至數萬Ｖ。然而，我們被靜電電到卻只會感到麻麻的，不會被電死，是因為靜電的電流（流動的電子數）很小。靜電有時會放出火花，而1cm的火花約相當於1萬Ｖ的電壓。

　　不過，雖說「日常生活的靜電不會致死」，但自然界的靜電現象──落雷卻要非常注意。

　　雷是一種由帶正電的物體移動到帶負電的物體，電壓高達數億～10億Ｖ的放電現象。換言之，就是在空氣中移動的巨大電流。

　　在雷雲的內部，上升氣流和下沉氣流劇烈流動，使雨滴或冰粒（雹）互相摩擦，產生靜電。

　　此時雲層的上層會帶正電（正電荷），雲的底層帶負電（負電荷）。而受到雲層底部的負電荷吸引，地面的正電荷也會聚集在雲層下方。而沉積在雲底的電子（負電荷）移動到地表時，就會形成落雷的現象。

〔圖6〕　落雷的原理

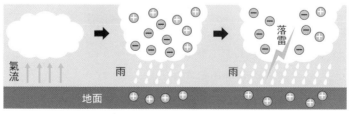

我們的身邊充滿
看不見的電

威廉・吉爾伯特

磁和磁鐵

所有物質都有可能成為磁鐵。
地球也是一個巨大的磁鐵

發現的契機！

—— 緊接上回（第98頁）的內容，這次的來賓依然是吉爾伯特先生。吉爾
伯特先生在那之後又接著挑戰「羅盤的指針為什麼會指向南北」這個
謎題，最終發現「地球就是一個巨大的磁鐵」。

我雖然是一位醫生，但卻跑去研究電力和磁力。特別是磁鐵，我花費
了20年持續進行研究。有一次，我聽船員們說船的羅盤（指南針）在
靠近北極的時候會往下指，便用天然磁鐵做了個像地球一樣的球形磁
鐵來做實驗。

我把一根小磁針放在球形磁鐵的
各個部位，仔細觀察了磁針的變
化。然後，我發現磁針的變化跟
羅盤針在地球各地觀察到的偏轉
模式是一致的。

—— 所以您才得出「地球是一個巨大
的磁鐵」這個結論對吧。然後您
在1600年將研究的成果整理出
版了《論磁鐵》一書。

〔圖1〕 地球是一個大磁鐵

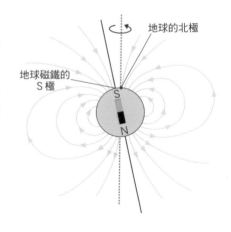

地球的北極

地球磁鐵的
S極

▸ 磁鐵的極（磁極）分為 N 極和 S 極。N 極和 S 極會相吸，而 N 極和 N 極、S 極和 S 極會相斥。

▸ 磁鐵周圍的空間會受到磁力作用，這個空間就叫做磁場。

▸ 磁場的狀態可用磁力線來表示。而磁力線的性質有：

①從 N 極射出由 S 極進入（磁場方向）。

②間隔愈密的地方磁場愈強。

③不會在中途轉向或相交。

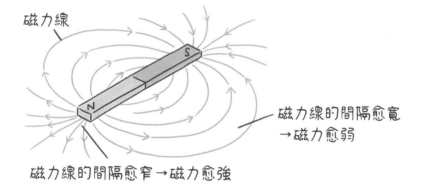

磁力線

磁力線的間隔愈寬
→磁力愈弱

磁力線的間隔愈窄 → 磁力愈強

▸ 地球是一個巨大磁鐵，S 極在北極（北美洲的北側）附近，N 極在南極附近（昭和基地上）。

磁鐵分為 N 極和 S 極。磁鐵的周圍存在磁場，可用從 N 極指向 S 極的磁力線表示。

磁場和磁鐵

　　磁鐵是由朝特定方向磁化的小磁鐵（直徑約100分之1mm）的磁區所組成的。進入磁場後，所有磁區都會朝磁場方向磁化，產生磁鐵的性質。

　　我們可以把磁鐵看成很多小磁鐵（磁區）的集合體。

　　未被磁化時，所有磁區都各自朝向不同的方向，互相抵消彼此的磁力，故整體不會出現磁鐵的性質（圖2－a）。

　　而被磁化成磁鐵的物體，所有磁區都會在磁場中轉向同一個方向。因此整體會產生磁鐵的性質（圖2－b）。

〔圖2〕 磁場方向與磁區方向一致

（a）未被磁化的狀態

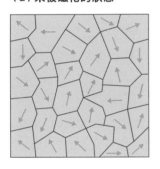

（b）磁化後的狀態

 ## 順磁性物體和抗磁性物體

　　物質可粗略分為**強磁性物體**（可變成磁鐵的物體）、**順磁性物體**（遇到超強力的磁鐵，會與磁鐵相吸的物質）、**抗磁性物體**（遇到超強力的磁鐵，會與磁鐵相斥的物質）3種。

　　強磁性物體在磁場中會順著磁場方向被磁化為磁鐵。而在離開磁場後仍可保持磁性的物質，則叫做永久磁鐵。

　　成為永久磁鐵的物體，若加熱到一定的溫度（居禮點），磁區的熱運動會使原本指向同一方向的磁區分布再次變得散亂，失去磁鐵的性質（磁

性）。將變成磁鐵的物質加熱到居禮點以上的溫度後再重新冷卻，磁區又會被地球的磁場拉向同一方向而磁化。

　　強磁性物體的代表有鐵、鈷、鎳。除上述的強磁性物體外的物質，對磁鐵的反應都非常微弱，因此平時被定義為「不會被磁鐵吸附」。

　　然而，事實上所有物質都能被超強力的磁鐵吸附。只有順磁性和抗磁性之分。

　　順磁性物體的代表例之一是氧。氧在冷卻至－183℃變成液體後，就可以被磁鐵吸附。除此之外，錳、鈉、鉻、鉑、鋁等也都屬於順磁性物體。

　　而抗磁性物體則有石墨、銻、鉍、銅、氫、二氧化碳、水等物質。

> 這 種 時 候 派 得 上 用 場 ！
> ∨

 ## 強 力 磁 鐵 讓 電 器 小 型 化 得 以 實 現

　　市售的磁鐵中，磁力最強的是釹磁鐵。釹磁鐵是由日本人（佐川真人先生）發明的磁鐵，由釹、鐵、硼3種元素組成。它的磁力超越了前任最強的釤鈷磁鐵。

　　不僅如此，釹磁鐵的製造成本也比釤鈷磁鐵更低（甚至在某些均一價商店就能買到釹磁鐵）。

　　釹元素在地殼的含量遠比釤元素更多，且鐵和硼在地殼的含量也比鈷更多（然而，釤鈷磁鐵也有比釹磁鐵更耐熱的優點）。

　　多虧了這種小小一塊也有強大磁力的磁鐵，馬達和音響才得以小型化，並能用於製作可攜帶的小型電器產品。

軼事

磁鐵可以吸鈔票？

用塑膠袋包住釹磁鐵靠近石頭，有時不僅是鐵砂般的小碎粒，就連大型的石塊也能吸起來。只要石頭中含有俗稱磁鐵礦的礦物，雖然普通的磁鐵還是吸不起來，但用強力的釹磁鐵就能吸得動。

如果把日幣的1000圓、5000圓、1萬圓鈔票對折，並將對折後容易移動的鈔票靠近釹磁鐵的話，鈔票也會被磁鐵吸引。

如果更仔細研究，會發現鈔票對磁鐵的吸附力會因位置而異。這是因為印鈔票的油墨中混入了磁性體，這也是自動販賣機能夠辨別鈔票的原理之一。

為什麼說地球是個大磁鐵？

為什麼地球會是一個大磁鐵呢？讓我們來看看地球的結構。地球是個半徑約6400km的大球，由表面至內部分成地殼、地函、外核、內核4層。

地殼主要由岩石組成，不同位置的厚度不一。大陸板塊比較厚，約在30～50km之間，而海洋板塊比較薄，約在5～10km之間。不過以地球整體來看，地殼層屬於相對薄的結構。地函也是由岩石組成，深度大約到2900km。一般認為地函內存在著地函對流。

而地球的磁力源頭，普遍被認為是來自地球中心的「地核」。科學家推測地核的溫度超過4000℃。地核又分為深度

小於5100km的外核，以及位於更底下的內核2部分。外核和內核主要的成分都是鐵。而深度在2900～5000km之間的外核中的鐵是液狀的。

一般認為外核熔融狀態的鐵會包覆著中央的固體內核，像漩渦一樣不斷旋轉。在繞轉的過程中會產生電流，而電流會產生磁力，這就是地球磁場的「發電機理論」，也是目前最有力的假說。此假說認為「環形電流會產生磁場的原理，就是地球磁場的來源」。然而，目前的研究還無法完全解釋某些複雜的地磁現象。

已知地球磁場的N極和S極每隔數十萬年～數百萬年就會反轉一次，而且過去已反轉過很多次。儘管熔岩的溫度已超過居禮點，並不具有磁性，但熔岩冷卻後會因地球磁場而磁化，所以科學家可以由此得知地球過去的磁場變化。

〔圖3〕 地球的構造

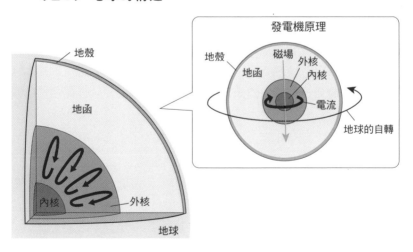

歐姆定律

蓋歐格・歐姆

運用範圍從電路計算、測謊機到體脂計。
電學的基本定律

發現的契機！

—— 因發現「歐姆定律」而成名的蓋歐格・歐姆先生（1789～1854）出生
於德國，自幼就被譽為神童。

 不敢當不敢當，這都得感謝家父從小就指導我物理學、化學和數學。
後來，我進入文理中學就讀，但發現學校教的課程太過簡單，就離開
了學校。接著在16歲考進大學。

—— 真不愧是歐姆先生呢。那麼，您是從什麼時候開始研究電學的呢？

 這個……應該是在30歲過後吧。當時我聽說丹麥的厄斯特先生發現
了電流會產生磁場的現象，勾起了我對電的興趣。

—— 您說的是提出「右手定則」的厄斯特先生吧（第136頁）。然後您就在
1827年把自己對電學的研究成果發表成為論文了。但聽說您的研究
一開始在德國的評價並不太好。

 是啊。幸好後來英國皇家學會看到我的論文後，頒發榮譽勳章給我，
使我得到正名，才得以進入慕尼黑大學教書。

—— 那真是太好了。歐姆定律在現代的電學領域仍是不可或缺的重要定
律。歐姆先生更因為這項成就而被科學界紀念，電阻的單位即是用您
來命名呢。真是太厲害了。

- 流經導體（電流通過的物體）的電流大小 I，與施加於導體的電壓 V 成正比。

- 電流 I〔A〕、電壓 V〔V〕成正比，比例常數則為 R〔Ω〕，三者的關係可用以下關係式表示。

$$V=RI$$

此時 R 稱為電阻或抗阻，代表電流通過的困難度。

- 歐姆定律描述的就是電流、電壓、電阻的相互關係。

- 導體內部的自由電子運動時會產生電流。電流的方向與電子運動的方向相反。

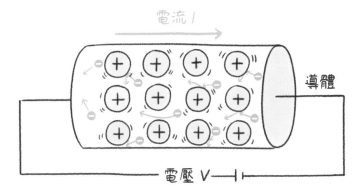

電流 I

導體

電壓 V

電流與電壓大小成正比，與電阻大小成反比。

電 壓 降

導體的電壓愈高，流過的電流就愈多。

就像物體會從高處掉向低處，電流也會從高電位流向低電位。**兩者之間的落差就是電阻的電壓降。**當電流 I〔A〕流過電阻 R〔Ω〕時，會因電壓降在電阻兩端產生 V〔V〕的電壓差。

當電壓相同的時候，電阻愈小時可通過的電流愈多，電阻愈大時可通過的電流愈少。

〔圖1〕 電壓降的概念

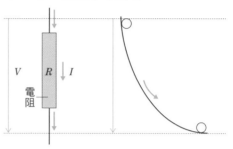

 歐 姆 定 律 影 響 燈 泡 的 亮 度

如圖2－a所示把電池從1個增加到2個，電壓 V 會變成2倍，電流 I 也會變成2倍，使燈泡亮度變得更亮。

那如果改以圖2－b的方式，電池維持不變，但把2個燈泡串聯在一起呢？

此時，由於電池沒有增加，電阻（燈泡）變成2倍，所以通過的電流會減半，使燈泡亮度變暗。

接著，再按圖2－c的方式，電池維持不變，但把2個燈

〔圖2〕 燈泡亮度的變化

(a)

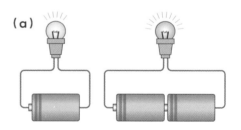

(b)

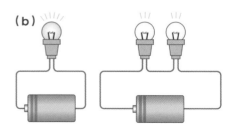

泡並排連接。

此時，因為2種接法電阻上的電壓都跟電池的電壓相等，所以通過的電流不變。因此燈泡亮度也不會改變。

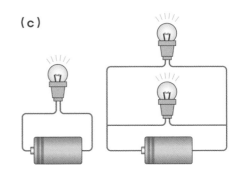

（c）

導體為什麼有電阻？

導體內部存在可自由移動的自由電子，而自由電子的運動會產生電流。但另一方面，原子（陽離子）卻不會移動。

因此，自由電子在運動時會撞到不動的原子。而這就是電阻的來源。

順帶一提，因為自由電子帶負電，所以電流方向與電子運動的方向相反。

〔圖3〕 自由電子的移動方向與電流的流動方向相反

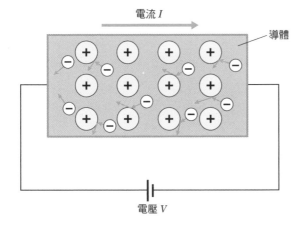

這種時候派得上用場！

測謊機和體脂計：
把人體當成迴路

既然歐姆定律是電學基礎中的基礎，理所當然地會被應用在生活中的各個層面。這裡我們稍微玩點不一樣的，來測測看人體的電阻吧。

用手握住萬用表（一種可切換內部迴路，測量電壓、電阻等數值的計測器）的端子，就可以測量人體的電阻。

此時你會發現，測量到的電阻大小會不斷變化，而且變化量還很大。這是因為人體的電阻很容易受到握法、出汗程度等身體因素影響。

而「測謊機」就是利用了這個原理，利用人在說謊時緊張和發汗的現象，測量電阻的變化。

另外，現在有的體重計可以測量體脂肪，這也是利用讓微弱的電流通過人體，然後測量電阻，就能推算體脂肪的含量。這是利用電流幾乎無法通過脂肪，卻能輕易通過肌肉等組織的特性。

軼 事

有不存在電阻的物體嗎？

　　一如我們在「導體為什麼有電阻？」中提到的，電阻會妨礙電子的流動，而此時一部分的電能會轉變成廢熱。然而，1911年荷蘭的昂內斯發現，水銀在冷卻至接近絕對零度時，會在溫度跌破－268.8℃的瞬間突然失去所有電阻，也就是現在俗稱的超導現象。

　　當電流通過超導體製成的導線時，電能完全不會因電阻而損失，可以永遠在迴路中流動。而如果用超導體製成電纜，有助於將原本輸電過程中會損失的能量降到最低。另外，用超導體製作線圈，還有可能做出完全不消耗電力的強力電磁鐵。而實際上超導線圈也被應用在磁浮列車技術上。

　　超導體簡直就是一種夢幻的物質，因此近年科學家一直在持續尋找能在更高溫的環境中產生超導現象的物質。目前人類已發現能在150K（－123℃）左右時出現超導現象的物質，並展開高溫超導體的研究。

若電阻為零，代表電流通過時不會有所折損。可以在零耗損的情況下將電從發電廠送到住家和工廠。

我們的身邊充滿
看不見的電

古斯塔夫・克希荷夫

克希荷夫定律

使計算複雜迴路的電力成為可能。
閉合迴路的電位必然會恢復原狀

發現的契機！

—— 「克希荷夫定律」是在1845年由古斯塔夫・克希荷夫先生（1824～
1887）發現的。這項定律與歐姆定律（第112頁）一樣是與電路有關的
定律。請問兩者有何不同呢？

 歐姆定律討論的只有迴路中的特定部分，但我的定律卻是關於電路整
體（迴路中可以自成一圈的閉合迴路）。克希荷夫定律有2種，分別是討
論電流的第一定律，以及討論電壓的第二定律。

—— 原來如此。所以克希荷夫定律在計算複雜迴路的電流和電壓時特別有
用呢。

 是啊，可應用的範圍很廣喔。

—— 據說發現這個定律的時候，您才只有20幾歲。

 多虧這項成就，我才能在26歲就成為大學教授。

—— 運用這項定律，人們才得以計算一眼難以看明白的複雜迴路上的電流
值和電阻值。直到現代也是非常重要的定律喔。

 那真是太好了呢。自己的研究能幫助社會，我倍感光榮。

▶ **克希荷夫第一定律：**
對於所有迴路中的節點（導線交叉的點），流入的電流總和＝流出的電流總和。

▶ **克希荷夫第二定律：**
對於迴路中的任意閉合迴路，電動勢的總和＝電壓降的總和。

▶ 所謂的電動勢，即是產生電流的電位差（電壓）。單位與電壓同樣為〔V〕。電池的功能就是製造電位差（電壓）。

▶ 所謂的電壓降，即是電流通過迴路時，電壓因遇到電阻而下降所產生的電壓差。

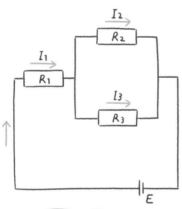

第一定律：$I_1 = I_2 + I_3$
第二定律：$E = R_1I_1 + R_2I_2$ 或
$\qquad\qquad E = R_1I_1 + R_3I_3$

電池：（電壓 E）
電阻：R_1、R_2、R_3
通過的電流：I_1、I_2、I_3

因電池而升高的電位，在經過電阻時會下降到原本的高度（電位）。

在閉合迴路繞 1 圈後電位必定會回到原位，使「上升的電壓＝下降的電壓」。

克希荷夫第一定律

電路的導線和導線交會的節點並沒有儲電的能力。因此，流經節點的電流總和必然等於流出的電流總和。「流入的電流總和＝流出的電流總和」成立，這就是克希荷夫第一定律。

以下圖為例，就是 $I_1 + I_2 = I_3 + I_4 + I_5$ 的意思。

你可以把它想像成水流。若圖中的藍色箭頭代表水流的方向，則水流永遠遵循「流入的水量＝流出的水量」這個定律。

〔圖1〕 流入的電流總和＝流出的電流總和

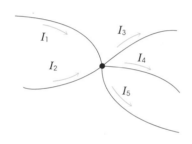
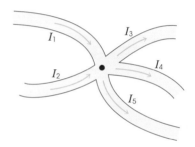

克希荷夫第二定律

電在閉合迴路任意一點上繞1圈後，電位必然會回到原位，亦即「上升的電壓（電動勢總和）＝下降的電壓（電壓降總和）」。換言之，因電池而升高的電位（電的高度），一定會因電阻而下降回原本的值。這就是克希荷夫第二定律。

那麼，讓我們用實際的電路來思考看看。

假設有一個如圖2的迴路，電路在中間分支成2條。

〔圖2〕 複雜的電路

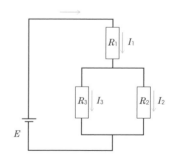

1）第1個閉合迴路

　　把迴路圖想成水路。電池就是把水抽到高處的幫浦，而水流就是電流。在幫浦E處被抽高的水會在流過圖中的迴路後落回原處（圖3）。

　　被幫浦抽起的水又回到幫浦的位置，意味著「上升的高度＝下降的高度」。在電阻（R）處下降的電壓量，根據歐姆定律等於「電阻（R）×電流（I）」。因此對於第1個閉合迴路來說，$E = R_1 I_1 + R_3 I_3$成立。

2）第2個閉合迴路

　　即使換不同路徑來想也會得到相同的結果。在下一張圖中，因為「上升的高度＝下降的高度」，所以理論上$E = R_1 I_1 + R_2 I_2$（圖4）。

　　由此可見，使用克希荷夫定律就可以計算出複雜電路的電流值和電阻值。

〔圖3〕 **第1個閉合迴路的電流流動**

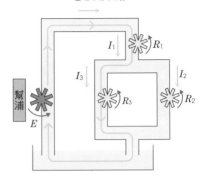

〔圖4〕 **第2個閉合迴路的電流流動**

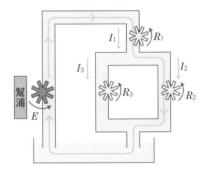

 ## 適用於所有迴路

　　克希荷夫定律適用於所有迴路。無論多麼複雜的迴路都不影響其有效性。

　　實際計算迴路的時候，可以思考幾個任意的閉合迴路。而對於迴路中所有導線的節點，都適用克希荷夫第一定律。且對於任意閉合迴路，也能利用克希荷夫第二定律寫出各自的方程式。接著只要解聯立方程式，就能計算出每個電阻上的電流大小和方向。

這種時候派得上用場！

● 家電產品和超級電腦都有用到

克希荷夫定律適用所有電路，這當然也包括現代電器的電路。這項定律在計算迴路時相當有用。

我們身邊的家電用品，例如冰箱、微波爐、電視、冷氣、電腦、手機等所有電器，在設計電路時都需要用到克希荷夫定律，就連目前世界第一的超級電腦「富岳」的基礎設計也不能沒有克希荷夫定律。

從這層意義上來看，克希荷夫定律可說是支撐現代科技最基本的定律之一。

● 為什麼延長線不能插太滿？

日文中有個詞叫「章魚腳配線」，意思是延長線上插了滿滿的電器電源線。

〔圖5〕 章魚腳配線

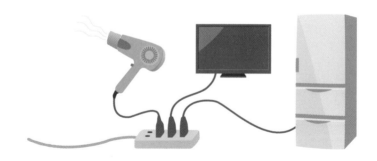

譬如像圖6那樣插滿冷氣、電視、吹風機的電源，此時所有電器的電壓都是100V。

〔圖6〕 章魚腳配線的電路

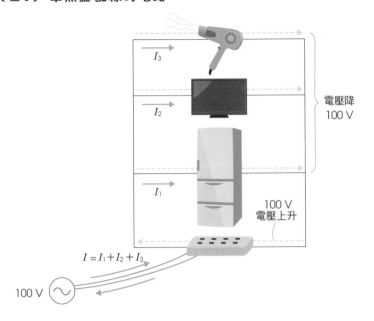

根據克希荷夫定律，我們知道這個迴路的「上升的電壓＝下降的電壓」（雖然交流電的正負極會不停地快速交換，但我們可以把圖中的箭頭理解成某一瞬間的電流方向）。

假設這個電路中流經冰箱、電視、吹風機的電流分別是 I_1、I_2、I_3。根據克希荷夫第一定律，流過延長線的電流 I，必然等於所有電器的電流總和，因此 $I = I_1 + I_2 + I_3$。

因此，當電器像這樣插滿延長線時，可能會導致過多電流通過延長線，十分危險。所以使用延長線時請務必確認延長線的安全電壓值〔V〕和電流值〔A〕，避免超量使用。

通過延長線的電流
等於所有插在上面的
電器之電流總和。

我們的身邊充滿
看不見的電

庫侖定律

原子也有靜電。
微觀世界的電學定律

夏爾・德・庫侖

發現的契機！

—— 「庫侖定律」是由法國的夏爾・德・庫侖先生（1736～1806）發現
的。不過靜電本身倒是早在古代就已經為人所知了呢。

 沒有錯。但長期以來人們始終不知道靜電力和距離的關係。所以我自
己發明了一種實驗設備研究了兩者的關係。

—— 在庫侖定律發現後，科學界興起了研究電磁學現象的熱潮。同時，您
還發現不只是日常生活所見的物體，就連原子也存在靜電力，這點在
科學上具有相當大的貢獻呢。

 謝謝。不過，不瞞你說……其實英國的亨利・卡文迪許先生（第31
頁）發現這項定律的時間比我還早了10年。

—— 然而，卡文迪許先生並未對外公開他的發現。明明只要對外發表就能
獲得莫大的榮譽，為什麼他卻沒有這麼做呢？

 根據傳聞，他埋頭研究純粹是出於好奇心，沒有半點爭名奪利的欲
望。因此除非是他認為真的已臻完美的研究，否則從來不會對外發
表。

—— 意思是他只要自己的好奇心得到解決就滿足了嗎。從現代的角度來看
實在有點可惜啊。

 但也因為這樣我才能在歷史留名，總覺得心情很複雜……。

▸ 帶有電性但體積小到可以無視的物體，稱為點電荷。

▸ 帶電物體隔空互相作用的力稱為靜電力，而靜電力又被稱為庫侖力。

▸ 庫侖力具有同性電相斥，異性電相吸的性質。其力量大小與兩電荷的電荷量的積成正比，與兩電荷的距離平方成反比。這個關係就叫庫侖定律。

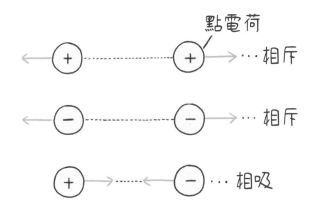

點電荷

← ⊕ .... ⊕ → ⋯ 相斥

← ⊖ .... ⊖ → ⋯ 相斥

⊕ → ......⋯← ⊖ ⋯ 相吸

庫侖力也是摩擦力、彈力以及人體肌力的根源，是與我們密切相關的力。

電荷間的距離愈近，庫侖力愈大；總電荷量愈大，庫侖力也愈大。

靜電力

　　靜電力作用在2個點電荷連成的直線上。且電荷有正負之分，當正電配正電、負電配負電，也就是電性相同時會互相排斥；而正電配負電，也就是電性相異時會互相吸引。

〔圖1〕 2個點電荷間的靜電力

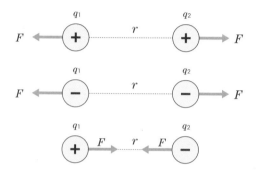

　　2個點電荷間的靜電力大小，與兩電荷的電荷量大小乘積成正比，與點電荷間的距離平方成反比。

　　換句話說，當2個點電荷愈靠近彼此，或是兩者的總電荷量愈大時，這股力也愈大。

　　此時兩者的合力 F 可用下式求出。

$$F = k\,\frac{q_1 \times q_2}{r^2}$$

　　假設靜電力的大小為 F〔N〕，電荷量大小分別為 q_1〔C〕、q_2〔C〕，點電荷間的距離為 r〔m〕，k 為比例常數。

　　雖然比例常數 k 的值會因為帶電物體周圍的物質而異，但是在真空中 $k = 8.9876 \times 10^9 \text{N} \cdot \text{m}^2/\text{C}^2$。

　　若電荷量相同，那麼庫侖力大小 F 不受電荷正負影響，也一定相同。

庫侖力和萬有引力

　　庫侖定律跟萬有引力定律（第28頁）有很深的關係。讓我們比較一下兩者的數學式。

　　庫侖定律 　　　　　　$F = k \dfrac{q_1 \times q_2}{r^2}$

　　萬有引力定律 　　　$F = G \dfrac{m \times M}{r^2}$

　　一模一樣對不對。像這種力量大小「與兩物距離的平方成反比」的式子，一般稱為平方反比定律。

　　然而，這2種力有個很大的不同之處。

　　首先，萬有引力只有吸引力而沒有排斥力。但如前所述，庫侖力有引力也有斥力。

　　另一點，是作用力的大小差異。

　　現代科學家比較了電子在相隔特定距離時的庫侖力和萬有引力大小後，發現庫侖力的大小約是萬有引力的4.2×10^{42}倍大。

　　由於電子質量非常輕，相當難以比較，所以我們先比較質量相對更大的質子之間的庫侖力和萬有引力。計算之後，會發現質子的庫侖力也是萬有引力的1.2×10^{36}倍大。

　　也就是差了大約1,000,000,000,000,000,000,000,000,000,000,000,000倍（一澗倍）之多。

　　因此，萬有引力究竟為什麼這麼微弱也成了物理學上的一大謎題。

> 這種時候派得上用場！
> ∨

🔵 氯化鈉的可解理性

相較於庫侖力，萬有引力簡直弱得不像話，所以沒有天體規模的質量很難觀察得到。例如我們身邊的鉛筆和橡皮擦之間也會因萬有引力而彼此吸引，只是因為過於微弱而無法被觀察到。

然而庫侖力卻不同，只要物體之間的電荷稍有不同，就能產生足以被人類感知到的巨大力量。

〔圖2〕 岩鹽

例如岩鹽是氯化鈉的結晶，而鈉離子（Na^+）和氯離子（Cl^-）就是被庫侖力黏起來的。若是用力敲擊岩鹽，岩鹽就會從漂亮的斷面裂開來。

〔圖3〕 對岩鹽施加衝擊

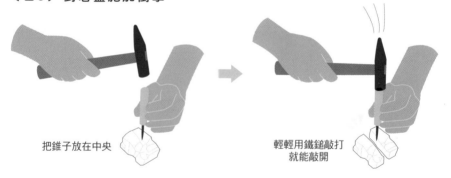

把錐子放在中央　　　　　　　輕輕用鐵鎚敲打
　　　　　　　　　　　　　　就能敲開

在氯化鈉結晶內，鈉離子（Na^+）和氯離子（Cl^-）整齊地交錯排列著。而這些原子只要稍微錯位，就會讓正負離子與自己同性的同胞相撞，並在庫侖力的排斥力作用下整齊地裂開。這種性質稱為可解理性。

與原子的穩定性息息相關

鈾（質量數238）的原子序是92，這個數字代表該元素擁有92個帶正電的質子。而質量數則是等於質子和中子的個數總和。換言之，鈾238擁有238－92＝146個不帶電的中子。

其他如惰性氣體的氡（Rn），原子序是86，中子數為136個，中子的數量大約是質子的1.6倍。

另一方面，原子序小的元素又如何呢？讓我們比較一下惰性氣體的氖（Ne）吧。Ne的原子序為10，質量數為20，中子數有10個，跟質子的數量一樣。比例是1倍。

由此可見，整體來說原子序愈高的元素，中子的占比也有增加的傾向。這是為什麼呢？

原子核的穩定性是由相吸的核力和相斥的庫侖力的合力所決定。原子核中的質子和中子（核子）會因核力相吸。核力是一種強作用力，但只能在極短的距離下才能作用。然而，質子和質子之間又會因為庫侖力而互相排斥，且庫侖力能作用的距離比核力遠得多。

假如在原子核的狹小範圍內聚集了很多質子，原子核便會因為質子間的庫侖力加成而變得不穩定。

因此，若原子核要維持穩定，就必須存在大量沒有庫侖力的中子。

湯川秀樹提出了核力是靠2個核子交換粒子來傳遞的介子論（第306頁）。

我們的身邊充滿
看不見的電

詹姆斯・焦耳

焦耳定律

電流通過導體就會發熱。
電熱器和烤麵包機的原理

發現的契機！

—— 今天邀請到的是「焦耳定律」和熱量單位（焦耳）命名由來的英國科
　　學家詹姆斯・焦耳先生（1818～1889）！請問您都做過什麼樣的研究
　　呢？

　我研究了「如何製造不以蒸汽為動力，改以電為動力的機器」，並將
　　自己的研究成果陸續發表在《電學雜誌》上。

—— 現代俗稱「焦耳定律」的研究成果，是發表在1841年12月刊登於倫
　　敦皇家學會雜誌的〈論伏打電池的發熱現象〉這篇論文中的。

　伏打電池是一種由電解質水溶液、鋅、銅組成的電池。電流通過導體
　　（可通電的物體）時會發熱的現象，早在伏打電池發明之初就已經被發
　　現了。我只是透過實驗釐清「發熱量與導體的電阻和電流的平方與時
　　間成正比」這件事而已。這就是焦耳定律。

—— 說起1840年代，就不得不聯想到焦耳先生、邁爾先生（第92頁）以
　　及赫茲先生3位同時期的科學家。能量守恆定律的建立和發展都是在
　　這個時期。自從焦耳先生發現焦耳定律後，科學家便開始投入這方面
　　的研究。

▸ **熱的純量稱為熱量。**熱量的單位是焦耳〔J〕。使1g的水溫度上升1℃所需的熱量大約是4.2J。

▸ 不只金屬線，所有導體在電流通過時都會發熱。這種熱又叫**焦耳熱**。

▸ **焦耳熱的發生量與電壓、電流、時間成正比。**這就叫焦耳定律。熱量可用以下關係式表達。

$$Q = RI^2 t = VIt$$

Q是熱量〔J〕，R是導體的電阻〔Ω〕，I是電流〔A〕，t是時間〔s〕，V是電壓〔V〕。

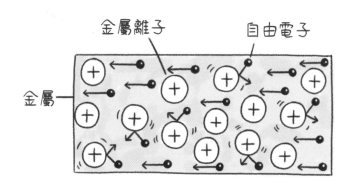

金屬離子　　　　自由電子

金屬

電流通過導體（例如金屬）時，就會產生焦耳熱。

對金屬施加電壓，自由電子會撞擊金屬離子，使金屬離子發生激烈的熱振動。

電流通過導體時會產生焦耳熱，而焦耳熱熱量與電壓和電流成正比。

電力和電能

將歐姆定律 $V = RI$ 變形為 $R = \dfrac{V}{I}$，再代入焦耳定律 $Q = RI^2 t$ 後，即可得到 $Q = VIt$。換言之，熱量 Q〔J〕與電壓 V〔V〕、電流 I〔A〕、時間 t〔s〕皆成正比。

在這個關係式中可看到電壓 V〔V〕× 電流 I〔A〕。

由焦耳定律計算出的發熱量，會隨著電流和電壓等比例增加。因此如果以電流作為發熱量的基準，並以此來理解「電流 × 電壓」的話，就可以把「電流 × 電壓」定義為電力。

電力的單位是瓦特〔W〕，而 1W 就是 1V 的電壓下通過 1A 電流時的電力。換句話說 1A×1V 等於 1W。另外，1kW = 1000W。

當電壓為 V〔V〕、電流為 I〔A〕時，電力 P〔W〕為 $P = VI$。

發熱量除了與電力成正比，也與電流通過的時間 t〔s〕成正比。

「電力 × 時間」稱為電能。

1W×1s = 1Ws（瓦特秒）= 1J。也就是說，在 1 秒內消耗 1W 的電力，就相當於消耗了 1J 的能量。

在日常生活中，電力使用量的單位是電力乘以時間（hour）的千瓦・小時〔kWh〕。譬如電費帳單上的電力使用量單位就是以 kWh 表示，1kWh 即等於 1 度電。

說個題外話，在日本每戶人家 1 個月的平均電力使用量大約是 250kWh。

 ## 電器上標示「100V − 200W」的意思

我們的身邊充斥諸如烤土司機、電暖爐、電熨斗、吹風機等利用電流發熱的電器產品。白熾燈泡也是利用燈絲（由鎢金屬製成的雙重螺旋狀發熱體）發熱來發光的（熱輻射）。

除非電阻為零，否則電流通過物體時必然會發熱，所以電能可以輕易地轉換成熱能。

1W 代表 1V 的電壓下有 1A 的電流通過時的電力。

合格的電器用品上都會看到「100V－200W」之類的標示。這個標示的意思是「插入插座後會有100V的電壓，此時的電力為200W」。由於電力（W）＝電流（A）×電壓（V），所以就是200W＝電流（A）×100V，故可知這個電器用品在使用時會有2A的電流通過。

電力（W）是單位時間內的做功能力（功率）。電力乘上時間就是實際的電做功量，單位是瓦‧小時〔Wh〕或千瓦‧小時〔kWh〕。

標有「100V－200W」的電器，連續使用1小時（1h）消耗的電能＝200W×1h＝200Wh。若某個月使用了該電器30小時的話，則該月消耗的電能就是200W×30h＝6000Wh＝6kWh。

電費帳單上列載的「本月用電量為100kWh」等文字，就是表示該月使用了多少電能。

〔圖1〕 電器的消耗電力標示

這種時候派得上用場！

 短路很危險！

在迴路中沒有任何燈泡或馬達之類的東西，就直接連接電源的正極和負極的情況，稱為「短路」。

迴路是由「電源」、「電流通過的道路（導線）」、「電流發熱、發光、運動等做功的部分」組成的。電流做功的部分具有電阻，可以減少通過的電

流。然而，短路的迴路上缺少電流做功的部分，由於缺少電阻（很小），所以流過的電流會非常大。

例如直接用銅線連接乾電池的正負極，就會形成短路。此時強大的電流會不斷流過迴路，使乾電池和導線發熱，而抓住電池的手就會被燙傷，或是導致乾電池破裂。

而家用插座的電壓（100V）大約是一般乾電池電壓（1.5V）的66倍，所以短路時會冒出火花、融化導線或是燒掉包覆物等等，引發更加猛烈的現象。最嚴重的情況還可能引起火災或觸電，危及生命財產。

電線不會發熱， 電器卻會發熱的原因

只有導線和電源的迴路會形成短路，所以家電產品內的導線一定都連著電器。

例如吸塵器使用後本體摸起來會熱熱的，但觸摸靠近插座的電源線，卻只有一點點微溫。

這是因為電做功的部分幾乎都在電器本體上，電源線幾乎不會做功。因此，電源線只會發出一點點熱量。

發熱量與「電流 × 電壓」成正比。儘管通過電源線和電器的電流是一樣大的，但因為電壓幾乎都施加在電器上，而電源線只有非常微弱的電壓，因此電源線的發熱量很少。

電腦會發熱的
主要原因也是焦耳熱。

從愛迪生的白熾燈泡到日光燈，以及LED燈泡

愛迪生自1878年開始便埋頭於白熾燈泡的實驗。此時科學界已發明出可製造高度真空環境的水銀泵，因此愛迪生便著手研究燈絲，為了找出最適合製作燈絲的材料，把所有看起來能夠碳化的材質統統都碳化了一遍。

1881年，在巴黎的電力博覽會上，愛迪生自豪地展示了用京都竹燒烤而成的碳絲燈泡。

然而，碳燈絲在愛迪生燈泡的真空環境中加溫到1800℃時就會燒斷，無法長時間維持。因此，愛迪生後來又把碳絲換成了鎢絲。鎢的熔點高達3407℃，是熔點最高的金屬。而鎢絲燈泡大約從1910年開始普及。

以鎢金屬製造的燈絲順利突破了2000℃高溫，發出璀璨的光芒。電流通過燈絲時會因焦耳熱而瞬間升至高溫，發出白光。而可以產生白光的高溫狀態就叫白熾。

白熾燈泡是藉由將電能轉換成熱能來發光。也因此光能的轉換效率很差。

所以後來才有光能轉換效率達到白熾燈泡3倍的日光燈登場。

不僅如此，近年市場還推出了光能轉換效率超越日光燈，且壽命大約是日光燈4倍的LED燈泡。

以上幾種燈泡將輸入的電能轉換成可見光的效率，依照白熾燈泡→日光燈→LED燈泡的順序，分別是10%、20%、30～50%。

我們的身邊充滿
看不見的電

厄斯特

右手定則

電和磁會互相影響。
催生摩斯電碼問世的定律

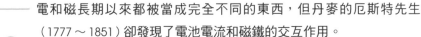

發現的契機！

—— 電和磁長期以來都被當成完全不同的東西，但丹麥的厄斯特先生
（1777～1851）卻發現了電池電流和磁鐵的交互作用。

 在聽說了義大利的伏打先生發明了伏打電池後，我便產生「所有的力
肯定都存在相互關係」的想法，並投入研究。

—— 厄斯特先生的實驗非常有名呢。聽說您是在大學替某個學生進行個人
指導時，偶然間發現了原理，是嗎？

 那是1820年春天的事。有一次我對金屬絲通電的時候，偶然注意到
放在金屬絲附近的指南針突然像有生命似地劇烈轉動。於是我便詳細
研究了這個現象。

—— 然後透過這項研究，您發現電流通過金屬絲時會在周圍產生一股能令
磁針旋轉的作用力。

 是啊，這結果令我嚇了一跳。於是我立刻寫了一篇名為〈關於電流對
磁針作用的實驗〉的論文，在1820年7月21日寄送給全球的主要學
者們。

—— 得知厄斯特先生的研究後，法國的安培先生（1775～1836）也隨即展
開追加實驗，發現了「做圓周運動的電流」會表現出與磁鐵相同的作
用。之後，人們發明出強力的電磁鐵，並逐漸發展出電磁學。順帶一
提，電流的單位安培就是源自這位科學家。

▸ 電流通過導線時，會在電流周圍產生磁場。電流周圍產生的磁場方向，可以用右旋螺絲或右手比讚的手勢來記憶。這就稱為「右手定則」。

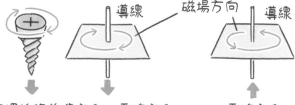

右旋螺絲的旋轉方向＝磁場方向

導線　磁場方向　導線

右旋螺絲的前進方向＝電流方向　　電流方向

▸ 電流通過線圈（以導線一圈圈纏繞而成）時，每條導線都會遵循右手定則的方向產生磁場。導線周圍的磁場會互相加乘，在線圈內產生磁場。

電流

N　磁場　　　　　S

↑電流

磁場　　　電流
N

電流通過線圈時的磁場方向，同樣可以用右手來輕鬆記憶。

電流周圍會產生相對於電流方向向右旋的同心圓狀磁場。

厄斯特的實驗成立的原因

　　使電流由南向北通過導線時，放置在導線下的磁針會如下圖般偏轉。這是因為導線周圍形成的磁場之方向遵循右手定則，所以磁針才會順著磁場方向旋轉。

　　這個時候所產生的磁場強度與電流大小成正比，且與導線的距離成反比。

〔圖1〕 厄斯特的實驗

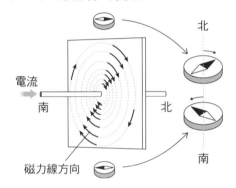

電流

南　　北

磁力線方向

北

北

南

把磁針放在導線上方時的轉動方向，跟放在導線下方時相反。
若反轉通過導線的電流方向，磁針的偏轉方向也會跟圖中顛倒。

 ## 電磁鐵的性質

　　日本在中學2年級才會教到右手定則，但通常在小學5年級就會學到電磁鐵的主要性質。

- 電磁鐵只有在線圈通電時才會產生磁性
- 電磁鐵也有N極和S極
- 當線圈的電流方向反轉時，電磁鐵的N極和S極也會倒轉
- 電流愈強，電磁鐵的磁性愈強
- 線圈的導線圈數愈多，電磁鐵的磁性愈強

電磁鐵可以藉由改變電流的方向和大小，改變磁極的方向和磁力強度。粗略來說，電磁鐵產生的磁力，與線圈的圈數和通過線圈的電流大小成正比。

〔圖2〕 電磁鐵

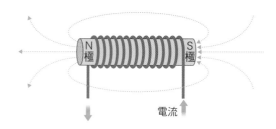

電磁鐵：將置於磁場中時會產生磁性，離開磁場時會失去磁性的材料（軟鐵芯）塞入線圈，當線圈通電時就會變成磁鐵的裝置。

電磁鐵的發現史

安培的好友阿拉戈曾在實驗中將鋼製的針放入線圈後通電，發現鋼針變成了永久磁鐵，由此發現了電磁鐵的原理（1820年）。

而英國的斯特金則用軟鐵棒代替鋼針，再以導線纏繞後通電，發現在電流通過時軟鐵棒會產生磁性（1825年）。換言之斯特金實際上發明了電磁鐵，只可惜他是農夫出身，因此這項發明並沒有受到世間認可，貧窮地度過了一生。

而在新興國家的美國，一位名叫約瑟・亨利的學者改良了斯特金的電磁鐵，用層層纏繞的細銅線做出了強力的電磁鐵（1829年）。

他相信電磁鐵存在廣泛應用的潛力，於是運用了各種電池，實驗究竟哪種大小的線圈最適合用來製作電磁鐵。他發現把許多電池串聯在一起，只用一條長金屬絲纏繞就能做出強力磁鐵。不過後來他又發現改用擁有一對巨大極板的電池，搭配許多短金屬絲並聯纏繞而成的電磁鐵效果更好。

如今，在電信、電話、發電機、馬達與其他各種裝置上，都能看到電磁鐵的蹤跡。

這種時候派得上用場！

 ### 電磁鐵的利用── 電信

身為畫家的摩爾有一次在駛往美國的大西洋客輪上，聽到某位科學家得意洋洋地向乘客講解電磁鐵的知識，腦中便靈光一閃，萌生「或許能利用電磁鐵向遙遠彼方的人進行交信」的想法。

於是摩爾一頭栽進電報機的發明工作，但沒有任何電學知識的他想當然遇到了不少困難。儘管如此，他還是請教了許多專家的意見，並在朋友們的協助下，巧妙地利用切換通電與斷電狀態和插拔電磁鐵內的鐵片，發明出了獨創的符號系統和磁力裝置。

這種符號系統可以用長點和短點來表示英文字母，被命名為摩斯電碼。在中文圈，摩斯電碼中的短點稱為「滴」，長點稱為「答」。

摩斯電碼發明後，在華盛頓和巴爾的摩之間（64km）鋪設了第一條實驗性的線路。從此電力通信正式進入實用化的時代。

筆者在小學時代曾在理化課上做過很多理科工藝。例如在學習電磁鐵時，我的老師便曾要求我們「做一台電報機，然後研究它的原理和作用」，帶著我們實際動手做了一台電報機。

不僅如此，老師又接著告訴我們「蜂鳴器也有用到電磁鐵。蜂鳴器啟動開關後會叫個不停，想想看背後是什麼原理」，然後讓我們把前面製作的那台電報機改造成蜂鳴器。可惜的是，現在日本的小學已經不再帶學生製作電報機和蜂鳴器了。

 用大型電磁鐵分離鐵屑

電磁鐵的線圈圈數愈多、通過的電流愈大,就能產生比釹磁鐵等永久磁鐵更強的磁力。

而且電磁鐵還能藉由通電/斷電,在有磁性/沒有磁性之間切換。

俗稱起重電磁鐵的機械,就是使用了直徑約1～2m的大型電磁鐵。利用起重電磁鐵就能吊起和移動鋼板或廢鐵(除了鐵之外,鎳和鈷等金屬也能被磁鐵吸附)。

不同於永久磁鐵,電磁鐵只在開啟並通電時才會產生磁力,而且可以吸起重達數噸的鐵材。起重電磁鐵可在吸起鐵材後利用吊車移動到別處,只要切斷電流使磁力消失,就能放下鐵材。

起重電磁鐵經常被利用在從鋁、銅中分離鐵料,或是將切斷、碾碎後的鐵片、鐵屑整團搬運到別處。

我們的身邊充滿
看不見的電

弗萊明左手定則

弗萊明

為了教學而生的產物。幫助全世界的
學生更輕鬆理解馬達運轉的原理

發 現 的 契 機 !

—— 英國的弗萊明先生（1849～1945）的大名，在日本幾乎無人不曉。用
左手中指、食指、拇指這3根手指來代表電流、磁場、作用力方向的
「弗萊明左手定則」非常有名喔。

 很方便對吧？不過也因為這定則，害我常常被誤認為是「電流在磁場
中的受力」的發現者……。

—— 「電流在磁場中的受力」的發現經過是這樣的：1820年，在厄斯特
先生（第136頁）發現磁鐵（磁針）會受到電流的作用力影響後，科學
家隨後又發現反過來電流也會受到磁鐵的作用力影響。其中法拉第先
生（第148頁）在1921年設計出了讓通電的金屬絲在磁鐵周圍旋轉的
裝置，這也成為了馬達的前身。這個過程中……的確沒有出現弗萊明
先生的名字呢。

 我在倫敦大學教授電力工程學的課時，為了讓學生更好吸收課程的內
容，便想設計一套易於理解的教學方法。弗萊明左手定則便是在那時
想出來的。

—— 這套方法真的非常容易理解，現在全世界都在使用呢。

 我在研究領域最大的成就是發明真空管。我發明的真空管二極體可以
從交流電中取出直流電（整流作用），或是單獨過濾出高頻率的音波訊
號（檢波作用），被應用在收音機等設備上。

▶ 電流在磁場中會受到磁力作用。電流在磁場中的
受力方向如同下圖所示，可以用互相垂直的3根左
手手指來表示，中指到拇指依序代表「電流、磁
場、作用力」的方向。這就是弗萊明左手定則。

力的方向

磁場的方向

電流的方向

▶ 電流大小愈大、磁場強度愈強，電流在磁場中的受
力就愈大。另外把導線換成線圈的話，受力也會變
大。

電鞦韆實驗

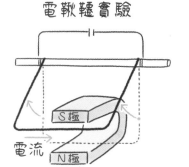

S極

電流

N極

把導線垂直放入磁鐵中間後通電，
則導線會朝著與電流
和磁場兩者方向
皆垂直的方向偏移。

馬達就是利用電流在磁場中的
受力轉動線圈的。

法拉第的電磁旋轉裝置

1821年9月初，法拉第成功完成了耗時數個月的挑戰。這項挑戰就是讓通電的金屬棒繞著磁鐵周圍旋轉。

首先，法拉第把電池的其中一極與裝有水銀的容器連接，並在容器正中央插入一根磁鐵。接著，將電池另一極與金屬線連接，並讓金屬線前端稍微接觸先前的水銀表面。結果金屬線便繞著磁鐵旋轉起來。

法拉第看到後指著不停轉動的金屬棒，興奮地對站在一旁的義兄大喊：「喬治，看到了嗎？你看到了嗎？」隨後又跑到樓上呼喚妻子，將實驗的成果展示給妻子看（當時他剛與妻子完婚3個月）。

這項電磁旋轉實驗，後來成為馬達的原理。

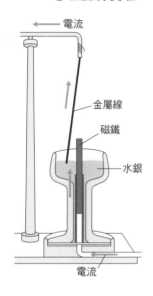

〔圖1〕 法拉第的
電磁旋轉實驗

電流
金屬線
磁鐵
水銀
電流

 ## 磁場中通電線圈所受的力

將一條可動的導線垂直放入磁鐵的兩極之間後通電，導線會朝與磁場和電流兩者方向皆垂直的方向偏移。

在厄斯特發現磁鐵會受電流影響不久後，數名科學家便緊接著發現電流在磁場也同樣會受力。

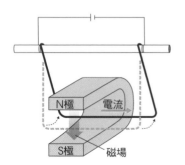

〔圖2〕 電鞦韆實驗

N極
電流
S極
磁場

直流馬達的原理

首先我們簡單認識一下直流馬達的各個部位。

馬達是由線圈（轉子）、整流器、電刷、磁鐵這幾個部分組成的（圖3）。而線圈的部分其實就是電磁鐵。

電刷的功用是讓電流通過線圈，整流器則用來改變線圈的電極。

〔圖3〕 **直流馬達的結構**

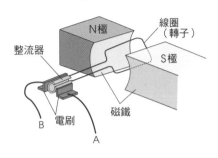

如圖4所示，在磁鐵的固定磁場中，電流會通過可以OO′為軸轉動且與磁場垂直的長方形線圈ABCD（轉子）。根據弗萊明左手定則，AB部分會受到由上往下的磁力，CD部分會受到由下往上的磁力的作用，故線圈的面會朝著與磁場垂直的方向轉動。

但當磁極間的線圈轉了半圈後，AB的部分變成受到由下往上的磁力，CD部分則是受到由上往下的磁力的作用，令線圈無法繼續旋轉，結果轉回原來的位置。所以，磁極間的線圈每轉半圈就必須改變電流的方向，才能讓線圈朝固定方向持續轉動。

因此，馬達中有一個與電刷接觸，可以每轉半圈就能改變線圈電流方向的整流器。

〔圖4〕 **作用於線圈的磁力方向**

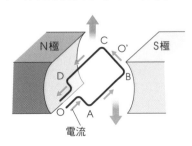

磁場方向是N極→S極。
利用弗萊明左手定則，可以從磁場方向和電流方向得知導線的受力方向。

如此一來每當線圈的面與磁場方向垂直時，通過線圈的電流方向就會反轉，使線圈永遠朝相同方向旋轉。

直流馬達在現代被運用在電動刮鬍刀和東京的JR電車上。

這 種 時 候 派 得 上 用 場 ！

 ### 馬 達 發 明 後 ， 首 先 被 用 在 電 車 上

馬達是一種可將電能轉換成動能的機器（電動機）。

馬達在電磁鐵發明後很快就問世，並被運用在電動車上；然而當時所用的電池是伏打電池，動力完全無法跟用煤炭當動力的蒸汽汽車相比。儘管知道原理，但因為無法做出具有實用價值的產品，因此馬達在當時就跟玩具沒兩樣。

發電機比馬達更早進入實用化階段。1873年，來自比利時的電氣工程師格拉姆在維也納的博覽會上首次展示了自己研發的發電機。當時，他的助手不小心把另一台發電機的電流接入這台發電機，結果發電機的轉子開始以驚人的高速轉動。看見這一幕的格拉姆連忙喚來了博覽會上的所有賓客，把另一台相隔1.6km遠的發電機當成馬達來吸水，現場製造了一個小型的人造瀑布。

因為這個插曲，人們才知道發電機可以直接變成馬達，除了能把動力轉換成電力，也能把電力轉換成動力。

1847年，由柏林的西門子和10名勞工共同創立的西門子公司，在鋪設了陸地電纜後又鋪設了海底電纜，在1860年代成長為大型企業。後來西門子公司於1879年的柏林工業博覽會上，成功運行了世界第一輛電車。由3個車廂連成的電車載著20名乘客，以時速24km跑完600m的實驗軌道。這次的試跑引起了全世界的關注。

2年後，位於柏林郊區的利希特費爾德鋪設了全球第一條商用電車軌道。

隨後美國也在1880年，由愛迪生在門洛帕克實驗室外完成了電車的運行實驗。當時愛迪生就是直接把電燈用的發電機裝到電車上當成馬達使用。

　　當時的美國原本就很有多由馬匹牽引的有軌馬車，人們便想到可以直接改造這些軌道為馬達提供動力，於是就發展出了電氣軌道。

〔圖5〕 西門子公司舉行的電車實驗

發電機也可以變成馬達。
這項發現引導了
電氣軌道的誕生，
大大改變了世界！

麥可・法拉第

法拉第電磁感應定律

支撐現代文明，
創造電能的發電機原理

發現的契機！

—— 麥可・法拉第先生（1791～1867）是在英國的皇家科學研究所做研究
的對吧。

 我在科學研究所最想從事，而且實際上也做了半輩子的研究，就是弄
清楚電和磁的關係。所以即使其他人委託我做別的研究，我也全都拒
絕了。

—— 多虧這樣電磁學的研究才能往前邁進一大步呢！

 我一直認為磁力可以產生電力，並拼命想證明這件事。最後終於在
1831年，正好是我滿40歲的那年，在實驗中發現了電磁感應定律。

—— 我在皇家科學研究所親眼見到法拉第先生當時留下的研究設備，以及
關於電磁學研究的筆記時，真的大為感動呢。

 我從1831年開始，整整做了23年的研究筆記。全副身心都投入在
研究工作中。

—— 後來您將這些研究筆記整理為《電的實驗研究》這本著作對吧。日本
有位諾貝爾獎得主曾經說過，自己是在讀完您留下的演講紀錄〈蠟燭
的化學史〉才立志成為科學家的喔。

 那真是太榮幸了！不枉費我如此努力做研究。

—— 多虧法拉第先生發現的電磁感應定律，後來運用電能的照明和馬達等
科技才能普及到全世界，讓現代人擁有如此便利且富裕的生活。

▶ 線圈中的磁場發生變化時會產生電流。這種現象
叫電磁感應。而電磁感應產生的電流叫作感應電
流。

▶ 線圈的圈數愈多、磁鐵移動的速度愈快、磁力愈
強，則感應電流的大小愈大。

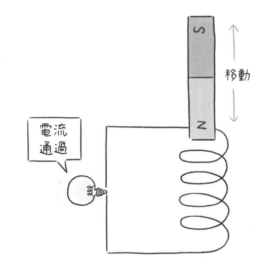

讓磁鐵來回進入線圈，
迴路會產生電流，
點亮燈泡。

當線圈中的磁場發生變化，就
會引發名為電磁感應的現象，
產生感應電流。

線圈（迴路）周圍發生磁場變化，就會產生感應電流

線圈周圍的磁場發生變化是什麼意思呢？意思是說，用磁力線來表現磁場時，穿過線圈的磁力線數目發生變化。

感應電流只在穿過線圈的磁力線數目有所改變時才會出現，且電流大小跟穿過線圈的磁力線數目的單位時間變化率成正比。

利用電磁感應，就可以把磁鐵或線圈運動時的力學能轉換成電能，電能也因而在現代成為生產行為和日常生活最基本的能量。

發電廠的發電機便是由線圈和磁鐵（電磁鐵）組成的。發電機的原理是藉由旋轉磁鐵，使線圈周圍的磁場發生變化，在線圈上產生感應電流。

為了轉動發電機的磁鐵，發電廠會利用火力發電燃燒燃料，或用核能發電的核分裂連鎖反應產生熱能，製造高溫高壓的水蒸氣來轉動渦輪；而水力發電則是把水從高處流下的位能轉成動能來轉動水車。

發電機內的磁鐵開始旋轉後，磁場會不斷地變化。因此產生的感應電流大小和方向也會不停改變。

〔圖1〕 火力發電和核能發電

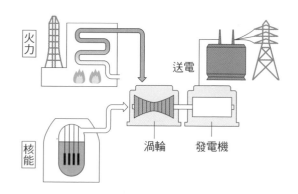

火力

送電

核能

渦輪　　發電機

感應電流的方向，與線圈周圍的磁場方向相反（冷次定律）

冷次定律指的是感應電流所產生的磁場，其方向永遠不利於穿過線圈的磁力線數目發生改變。

當磁鐵靠近線圈時，通過線圈的磁力線數目會增加；而此時產生的感應

電流卻會生成一個反方向的磁場，阻止磁鐵靠近。

　　而磁鐵遠離時通過線圈的磁力線數目會減少，這時感應電流產生的磁場方向卻會反過來拉住磁鐵，阻止磁鐵遠離。

〔圖2〕 冷次定律

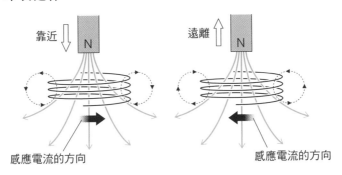

用1元硬幣和釹磁鐵做渦電流實驗

　　在1元硬幣上方放置一個全世界磁力最強的釹磁鐵，然後快速升起磁鐵，1元硬幣會在遠離的瞬間隨磁鐵一起往上跑。

　　這是因為1元硬幣周圍的磁場發生激烈變化，產生會產生妨礙該磁場變化的反方向磁場的圓形電流。這種在金屬內部產生的圓形電流叫作渦電流。渦電流也是一種因電磁感應原理而產生的感應電流。

　　假設與1元硬幣相接的是釹磁鐵的N極。當釹磁鐵朝1元硬幣的上方極速遠離時，為了抵消N極遠離造成的磁場變化，1元硬幣會生出一股可產生S極磁場的渦電流。結果N極與S極互相吸引，將硬幣也短暫吸引上來。直到磁力減弱至小於重力後才又掉下去。

〔圖3〕 渦電流

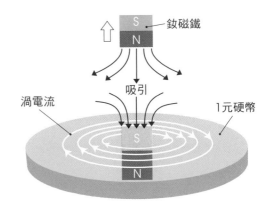

這種時候派得上用場！

 利用渦電流的電磁爐

電流分為直流電和交流電2種。

乾電池和鋰電池產生的電流屬於直流電，電流方向永遠相同（從正極到負極），且電流大小也穩定不變。

而家用燈座產生的電流屬於交流電。交流電的電流大小、方向都會隨著時間不斷改變。有時朝a方向流，有時又朝b方向流，大約1秒鐘內會變化50次（日本東北部）或是60次（日本西南部）。

交流電其實連電壓都是不固定的，一般日本家庭用的100V電壓，事實上每分每秒都在改變，並非永遠是100V。電壓值最高的時候可能是141.4V，低的時候可以到0V。100V這個數值其實是跟直流電比較出來的。當交流電的平均功率相當於100V的直流電時，我們就把交流電定義為100V。

在電磁爐的內部裝有一個圓形線圈。當交流電通過線圈時，由於交流電每時每刻的電流方向和強度都在不斷改變，因此線圈周圍的磁場也會跟著一直變化。此時放在電磁爐上的金屬鍋底便會產生渦電流，依循焦耳定律發熱。這時只要控制通過線圈的交流電，即可輕鬆調節鍋子的溫度。

〔圖4〕 電磁爐

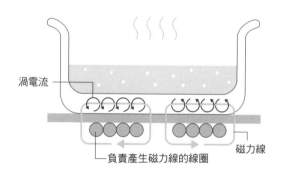

渦電流

負責產生磁力線的線圈

磁力線

軼事

法 拉 第 的 實 驗

法拉第的實驗內容如下。

將2組銅線圈纏繞在鐵環的左右兩邊，1組接上檢流計，另1組接上電池。此時，在電池側的線圈通電或斷電的瞬間，檢流計的指針會跳動。

接著，使磁鐵在連接檢流計的線圈內來回進出，檢流計的指針同樣會跳動。

透過這個實驗，法拉第發現了電磁感應定律。

〔圖5〕 法拉第的電磁感應實驗

(a) 纏繞2組線圈的鐵環

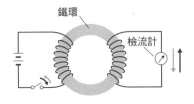

在線圈通電或斷電的瞬間，檢流計的指針會跳動。

(b) 使磁鐵進出線圈

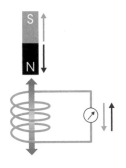

當磁鐵進出線圈時，檢流計的指針會跳動。

↓

當線圈中的磁場發生變化就會產生電流。

我們的身邊充滿
看不見的電

電磁波

馬克士威

從手機到醫療，
支撐現代社會的電磁波

發 現 的 契 機 ！

—— 馬克士威先生（1831～1879）在1856年發表了一篇名為〈論法拉第
力線〉的數學論文。以數學方式描述了法拉第先生在解釋電和磁時用
來表示電力和磁力的力線（電力線和磁力線）。

沒錯。我希望盡可能用數學的形式改寫法拉第的力線概念。結果，我
在寫出電波的數學式後嚇了一跳。因為我發現這種波的傳遞速度居然
跟光速一樣。於是我便猜想負責傳遞電和磁的作用的電磁波會不會也
是一種光。

—— 的確，法拉第先生發現的電磁感應定律，不禁讓人懷疑是不是有什麼
東西在空間中傳遞。磁場的變化能讓線圈產生電流，暗示了電磁現象
跟空間有著密切的關係。

後來我繼續推進這個理論，最後在數學上證明了「磁場發生變化時，
總是會在周圍的空間產生變化的電場；同理可知，電場發生變化時，
也總是會在周圍的空間產生變化的磁場」這件事。預言了電磁波的存
在。

—— 在馬克士威先生的理論問世十幾年後，赫茲先生在1888年成功完成
了電磁波的收發實驗。

▸ 帶電粒子的周邊會產生電場，而帶電粒子運動時，電場會發生變化。

▸ 電場的時間性變化會產生磁場，且電場引發的磁場變化也會產生電場。

▸ 上述的現象不斷連鎖，使電場和磁場的振動變成波在空間中傳遞。這就是電磁波。

▸ 電磁波會以光速（約秒速30萬km）傳遞。電磁波中極少數可被人眼接收的部分就是可見光（一般所說的光）。人類在科學上已確認的電磁波波長約在 $10^5 \sim 10^{-14}$ m 之間，分布極廣。

▸ 「真空」本身就有「介質」的功能。跟水波不一樣，不需要水或其他物質性的「媒介」。

電磁波傳遞的情形

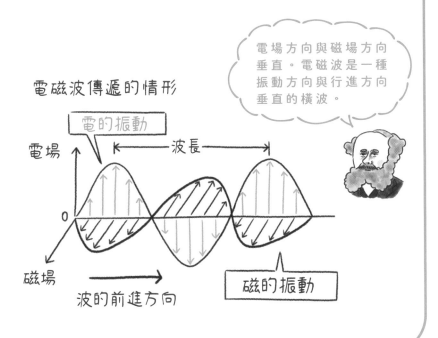

電場方向與磁場方向垂直。電磁波是一種振動方向與行進方向垂直的橫波。

赫茲的實驗

赫茲是一位德國物理學家，他年輕時十分尊敬馬克士威，並最終在實驗中證明了電磁波的存在，只可惜這已是馬克士威英年早逝後第9年（1888年）。

赫茲製作的裝置如圖1所示，設計非常簡單，是利用高壓電使粒子激烈振動產生火花放電，然後檢查十幾ｍ外的共振器上的金屬電極有沒有同時冒出火花。

感應線圈產生的高壓電通過下上2塊極板時，從極板延伸出去的金屬棒尖端會爆出火花。這是因為2塊極板快速在「上方極板帶正電荷，下方極板帶負電荷」和「上方極板帶負電荷，下方極板帶正電荷」的狀態間切換。這個電性變化會在金屬棒尖端間的空氣中擠壓出電和磁的波浪。這就是電磁波。

由於產生電磁波的裝置和接收裝置之間，沒有任何可傳遞電流的東西，因此可證明是電磁波在傳遞。

〔圖1〕 赫茲的實驗裝置　〔圖2〕 在極板之間施加高壓電……

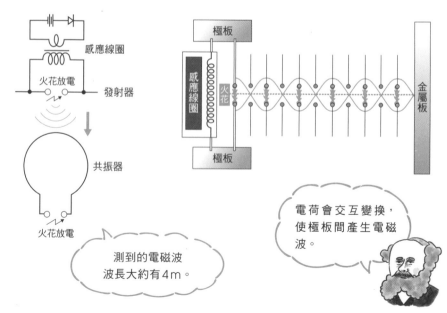

隨後赫茲又做了以金屬板反射電磁波的實驗，採用跟研究光（可見光）的性質完全一樣的方法，測試電磁波是否存在反射、折射、繞射、干涉等特性，證明電磁波具有跟光一樣的性質。

然而，赫茲大概沒有想到自己證明的電磁波，在今天居然能被如此廣泛地運用在收音機、電視、手機、無線網路等方面吧。

赫茲在1894年的元旦，年僅37歲便過世了。同一年，義大利的青年馬可尼在讀了赫茲留下的筆記後，萌生了利用無線電通訊的想法，最終獲得成功。

在宇宙中也能傳遞的電磁波

電磁波（電波和光的總稱）是種可在真空的宇宙中傳遞的波。多虧這項性質，我們才能遠眺遠方的星辰，並在地球上和太空船進行通訊。

雖然真空就是不存在任何物質的意思，但科學界有段時間曾猜測「真空中一定還存在某種可以傳遞波動的介質」，並設想了負責傳遞電磁波的未知介質「乙太」的存在。但最後，「乙太」的存在被否定（根據光速不變原理和狹義相對論，第316頁），現代科學界則認為電磁波的介質並非物質，而是「真空本身」，是物理空間所具有的性質之一。

根據波的基本式（波的波長和頻率，第162頁），波速v、頻率f（又叫周波數）、波長λ之間具有以下關係：

$$v = f\lambda$$

由於電磁波的速度等於光速〔c〕，故：

$$c = f\lambda$$

換言之，

$$\lambda = \frac{c}{f}$$

真空中電磁波的速度c等於光速，是一個物理常數（數值永遠不會改變的物理量），永遠等於3.0×10^8m/s（30萬km/s）。

> 這種時候派得上用場！
> ▼

 ## 日常生活不可或缺的電磁波

電磁波作為一種通訊手段，可說是現代社會的重要支柱，這點無庸置疑。

全球每年大約可賣出14億台手機，而手機也算是一種無線發信／收信機。在通訊領域，手機使用的電波頻率已經達到10 GHz（每秒振動100億次，波長3cm）。

我們家中的廚房也存在電磁波發信機，那就是微波爐。微波爐放出的電磁波頻率為2.45 GHz，波長12cm，可使食物中的水分子發生緩慢的電振動而發熱。原理與傳統的烹調方法「蒸煮」十分相似。而微波爐是1945年在美國首次商品化的。

 ## 支撐尖端醫療的 MRI 技術

醫療檢查所用的MRI（magnetic resonance imaging，磁振造影）的原理，是把人體放入磁場中，然後從身體周遭打出電磁波，使體內（主要是）水分子的氫原子產生磁共鳴。接著再藉由反轉一種名叫「自旋」的微小磁矩觀察氫原子的狀態，便能夠呈現出身體局部狀況的剖面圖。

這種MRI不需要使用X光，所以可以安全地檢查人體，對醫療有巨大貢獻。MRI也會使用到傅立葉分析（第176頁）。

MRI的發明者和研發者勞特伯和曼斯菲爾德雙雙在2003年拿到諾貝爾生理學和醫學獎。

不同的電磁波種類

電磁波有很多不同的種類。

收音機、電視、手機等通訊用的電波,屬於波長在600m到3cm之間的長電磁波。例如FM廣播的波長大約為4m。赫茲在實驗中測到的也是這個波長的電波。

而肉眼可見的光(可見光)是波長0.38～0.77μm(1μm是1000分之1mm)的電磁波,而我們視網膜上的視覺細胞就是能直接接收這種電磁波的「天線」。視覺細胞又分為負責感知明暗和負責感知顏色的細胞。

其中負責感知顏色的細胞又分為3種,分別可接收紅、綠、藍光。這種細胞內擁有名為視黃醛的細長分子,會在照到光時變形。這種分子就相當於「天線」的功能。

我們看到彩虹時之所以能被它層層分明的顏色感動,都得感謝這些視覺細胞。

另外,波長比可見光更長的隔壁鄰居——紅外線,則能讓我們感受到「溫暖」,日常生活中的各種物品都會放出紅外線。當然其中也包括人體。這也是非接觸式體溫計的原理。

而波長比可見光短的另一個鄰居——紫外線,則非常容易引起化學反應,對皮膚的刺激性很強,會讓我們曬傷。而這與紅外線的「溫暖」完全不同。

至於波長更短的X光,則來自在原子核外側旋繞的電子;而伽瑪射線則是主要來自原子核內部的電磁波。

波長這麼短的電磁波,在「同時具有波的性質和粒子的性質」的光的「二象性」中,表現出的性質更接近粒子(光的波動說和微粒說,第190頁)。

〔圖3〕 電磁波的種類和用途

頻率	波長	名稱	用途、相關事項
1 kHz (10^3 Hz)	100 km		
10 kHz (10^4 Hz)	10 km	超長波 (VLF)	水中通訊
100 kHz (10^5 Hz)	1 km	長波 (LF)	航空、船舶用的無線電標示、電波鐘
1 MHz (10^6 Hz)	100 m	中波 (MF)	AM 無線電廣播
10 MHz (10^7 Hz)	10 m	短波 (HF)	短波無線電廣播、非接觸 IC 卡
100 MHz (10^8 Hz)	1 m	超短波 (VHF)	FM 無線電廣播
1 GHz (10^9 Hz)		極超短波 (UHF)	手機、無線電視、無線網路、GPS、微波爐 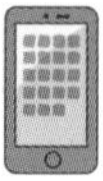
10 GHz (10^{10} Hz)	100 mm	公分波 (SHF)	衛星電視、ETC、無線網路、船舶雷達、氣象雷達
100 GHz (10^{11} Hz)	10 mm	毫米波 (EHF)	電波天文學
10^{12} Hz	1 mm	次毫米波	電波天文學
10^{13} Hz	10^{-4} m	紅外線	紅外線攝影、暖氣、紅外線熱成像、遙控器、自動門、紅外線通訊 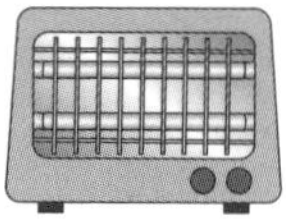
10^{14} Hz	10^{-5} m		
10^{15} Hz	10^{-6} m	可見光	光學機器
10^{16} Hz	10^{-7} m		
10^{17} Hz	10^{-8} m	紫外線	日光燈、黑光燈、殺菌、用於化學作用
10^{18} Hz	10^{-9} m		
10^{19} Hz	10^{-10} m	X 光	X 光檢查、CT 斷層掃描、放射線療法、分析物質的構造
10^{20} Hz	10^{-11} m		
10^{21} Hz	10^{-12} m	伽瑪射線	食品照射（殺菌、殺蟲等）、農作物的品種改良、PET 檢查（癌症診斷等）、放射線療法、滅菌
10^{22} Hz	10^{-13} m		
10^{23} Hz	10^{-14} m		

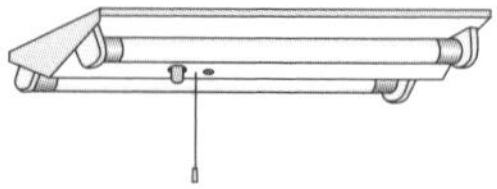

電波（超長波～超短波）、微波（極超短波～次毫米波）

※微波和紅外線之間的各項目尚無明確區分標準。

波之章

所有事物傳遞的原理

所有事物
傳遞的原理

波之章

波的波長和頻率

建立可表達所有波的數學式。電磁波
是由時間單位、長度單位決定的

海因里希・魯道夫・赫茲

發現的契機！

—— 今天的主題是波的波長和頻率，邀請到的來賓是海因里希・魯道夫・赫茲先生（1857～1894）。

 我是赫茲，請多指教。我出生在德國的漢堡。

—— 頻率・周波數的單位 Hz（赫茲）就是源於赫茲先生的名字呢。請問您在波的波長和頻率方面有什麼重要的發現嗎？

 我是歷史上第一個用實驗證明了英國物理學家馬克士威先生在理論上預言的電磁波的人。我在 1887 年成功用一個簡單的裝置收發了電磁波。

—— 原來如此，這麼說來您算是第一個發現電波的人呢。

 是的，但當時我其實以為電波不會有什麼用處……。

—— 電波徹底改變了這個世界，是非常偉大的發現喔！在您發現電波後，人類利用電波作為一種通訊手段，使電波技術有了飛躍性的發展。而提到電波就不能不提到頻率！所以才會用赫茲先生的名字做為頻率的單位。

 哎呀，這真是令我受寵若驚。不過，沒想到電波竟然會成為任何人都能使用的通訊工具，真是太厲害了！我當年完全沒想到會有這一天呢！

162

▸ 波的波峰到波峰、波谷到波谷，循環1個完整波形的距離稱為「波長」。波每振動1次會前進1個波長的距離。換言之，波速 v、週期 T、波長 λ 之間存在以下關係。這個關係式就是波的基本式。

$$\lambda = vT$$

▸ 又或者也可以用頻率 $f = \dfrac{1}{T}$ ，表示成 $v = f\lambda$ 。

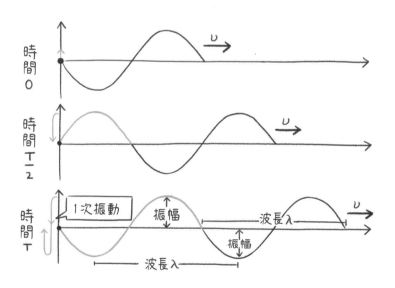

波的振動是層層傳遞的現象。在1次振動的時間（1週期）內，波會前進1個波長。

波 是 波 動 一 個 傳 一 個 的 接 力 現 象

回想一下像單擺一樣簡單往復的振動現象。擺動的中心到擺盪至最高點的距離叫「振幅」，而擺盪1次所需的時間叫「週期」。

而1秒鐘內擺盪的次數就是「頻率」，週期 T（單位是〔s〕）和頻率 f（單位是〔Hz〕）之間的關係為 $f = \dfrac{1}{T}$。例如若週期 $T = 0.1$s，且1秒鐘內擺動10次，那麼頻率就是 $f = 10$Hz。

然後，我們再想像一排像圖1那樣，等間隔排列、大小全都相同的單擺。每個單擺的擺動週期都一樣。而且每個單擺的懸吊物都跟隔壁鄰居用橡皮筋輕輕綁在一起，只要其中一個單擺發生擺盪，旁邊的單擺也會在短暫間隔後一個一個地動起來。單擺的擺盪會像骨牌一樣傳遞下去，自然地形成「波」的形狀，並持續地移動。這就是「波動」。

你看過足球比賽上粉絲們用「波浪舞」為球隊加油的畫面嗎？坐在同一排的觀眾高舉兩手跳起來，然後隔壁座位的人也跟著做出相同動作。這樣的動作一直傳下去，就會在球場的觀眾席上形成著一個巨大的移動波浪。所有觀眾從頭到尾都沒有移動，只是反覆在自己的座位上站起來又坐下，就像單擺的擺盪一般。然而，只要這個擺盪有規律地傳下去，整體看起來就會像一個移動的波。

〔圖1〕 波傳遞的概念

 ## 波 看 得 見 ， 也 感 覺 得 到 ！

波（波動）是振動連續傳遞的現象。振動的源頭稱為波源，傳遞振動的物質則叫介質。讓我們思考一下你的說話聲音是如何傳進對方的耳內。你的

聲音是一種叫音波的波，而聲帶和嘴巴是波源，空氣是介質。

〔圖2〕 聲音是藉空氣傳遞的波

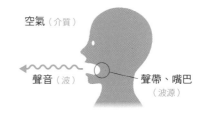

空氣（介質）

聲音（波）

聲帶、嘴巴
（波源）

當你說話時，你的聲音並不是隨著吐出嘴巴的空氣到達對方耳朵的。空氣會停留在你的嘴邊，只有空氣的振動會往前傳遞。

波的振動可以被身體感覺到，也能被眼睛看見。

例如，在演奏會演唱會等巨大聲音隆隆作響的地方，聲音的強度會互相疊加，有時用你的皮膚就能感覺到振動。

還有，雖然是不太受歡迎的現象，但地震也是一種地震波在地球內部傳遞的振動。

另外，你也可以利用跳繩等繩子來觀察波的形狀。把繩子的一端固定在牆上，用力拉直，然後從另一端快速地甩動繩子（此時你的手是波源，繩子是介質）。然後你就可以在繩子上觀察到波的傳遞。如圖3所示，手每上下甩動1次，就會形成1組有峰有谷的波形。

〔圖3〕 觀察波的形狀

波源

介質

波 的 基 本 式

1組波峰和波谷（波形循環1次的長度）就叫波長 λ （單位是〔m〕），而循環振動1次的時間則是週期 T（單位是〔s〕）。

波會在週期 T 的時間內前進1個波長 λ 的距離，因此若以波速為 v，則三者存在以下關係：

$$\lambda = vT \quad \cdots\cdots ①$$

此外，波或波源在1秒間振動的次數稱為頻率f（單位是〔Hz〕）。頻率可用週期表示：

$$f = \frac{1}{T} \quad \cdots\cdots ②$$

所以，由式①和式②可得到波速為：

$$v = f\lambda \quad \cdots\cdots ③$$

這個關係式叫波的基本式。是可套用在所有波動上的重要關係式。

 ## 橫波與縱波

圖1中所舉的波，介質的振動方向和波的前進方向互相垂直。以這種方式傳遞的波稱為「橫波」。前一節介紹的電磁波（第154頁）的電場和磁場振動方向也與前進方向垂直，都屬於橫波。

相對地，圖4介紹的這種介質振動方向與波的前進方向平行的波則叫「縱波」或「疏密波」。之所以叫疏密波，是因為這種波是靠介質的高密度部分（密部）和低密度部分（疏部）交互變化來移動的。換言之這種波看不到波形，乍看之下似乎一點也不像波，但振動是在介質中接力傳遞這一點的確符合波的性質。縱波的代表性例子是「音波」。

至於地震波則分為速度較快、負責傳遞初期微弱振動的P波，以及比較晚到、負責傳遞主要振動的S波，其中P波屬於縱波，S波屬於橫波。

〔圖4〕 縱波的例子

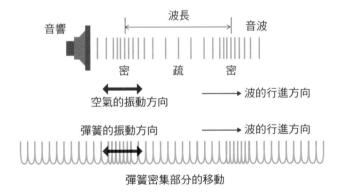

時 間 和 長 度 的 基 準 是 用 「 電 磁 波 」 決 定 的

電磁波的頻率和速度,對於定義與我們生活關係非常密切的「時間」和「長度」的基準有非常重要的功用。

時間的單位「秒」本來是用地球的自轉週期來決定的,但現代的定義則是用最精準的銫原子鐘為基準。

至於定義的具體方法,是將銫133的原子放在不受大氣影響的環境中冷卻到極限,然後再把此狀態下銫133原子吸收、釋放的某種電磁波頻率為91億9263萬1770Hz時的時間定義為1秒。說得白話一點,就是把這種電波(因為頻率約9GHz,所以被歸類在微波)振動91億9263萬1770次所花的時間定義為1秒。

另一方面,長度單位「公尺」本來的定義是以地球北極到赤道的距離為1萬km,將此長度的1000萬分之1定義為1m,並根據此定義製作了「公尺原器」當作測量基準。但現在已改為將真空中的光速c的精確值定義為2億9979萬2458m/s後再去反推。換句話說,1m的定義就是光1秒鐘內在真空中行進距離的2億9979萬2458分之1。

無論是時間或長度,都是利用電磁波配合物理定律去定義的。在日本這個計量標準則由產業技術綜合研究所(產綜研)管理,掌握著世界最高精確度的技術。

光在1秒間
前進2億9979萬2458m
↓
光在 $\dfrac{1}{2億9979萬2458}$ 秒間前進1m

所有事物
傳遞的原理

> 波之章

聲音三要素

從畢氏音程到十二平均律，
音樂是由波堆疊而成的

畢達哥拉斯

發 現 的 契 機 ！

—— 據說歷史上最先以科學（數學）方式研究「聲音」的人，是古希臘哲
學家兼數學家的畢達哥拉斯先生（紀元前582～紀元前496）。

 正是老朽。我出生於伊奧尼亞的薩摩斯島（現在的希臘），並招收弟子
創建了祕密社團「畢達哥拉斯教團」，擔任教祖。

—— 說起畢達哥拉斯先生，最有名的就是數學中的「畢氏定理」，但沒想
到您還有研究音樂啊。

 喂喂喂，別說得那麼大聲。那可是我們教團的最高機密，如果洩漏給
外人知道的話可是要以死贖罪的。……不過話說回來，我們明明沒有
留下半點紀錄，為什麼你會知道這件事？

—— 別那麼嚴肅嘛，反正都已經是2500年前的事了。對了，請問您是如
何研究音樂的呢？

 我用實驗徹底研究了笛子、琴等樂器的物理條件和音程高度的關係。
結果我發現琴弦達到一定張度的琴，如果弦可振動部分的長度是整數
比，那麼同時彈奏時就能發出美麗的和音。沒想到能創造出如此和諧
的音律，真是太感動了。

—— 這個音律在後來被稱為「畢氏音程」。請問畢達哥拉斯先生也會演奏
樂器嗎？

 會啊，我的表演可是完美展現了教義的「均衡與協調」，讓大家都很
陶醉呢。

▸ 聲音的三要素是音高、音強、音色。

▸ 音高由音波的基本頻率 f〔Hz〕決定。

▸ 音強由音波的壓力振幅 P〔Pa〕或聲壓級〔dB〕決定。

▸ 音色由音波的波形（泛音的成分比）決定。

▸ 透過空氣傳播的波稱為「音波」。

▸ 音波是一種高壓部分（密部）和低壓部分（疏部）沿著前進方向交錯排列，如撞球般往前傳遞的「縱波」，或者又稱為「疏密波」。

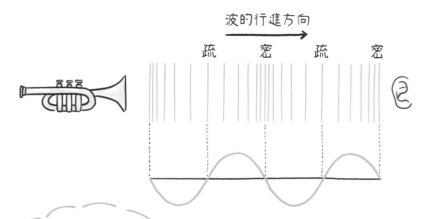

波的行進方向

疏　　密　　疏　　密

聲音是藉由空氣的疏密傳遞的「縱波（疏密波）」。

透過空氣傳遞的縱波叫「音波」。音高對應頻率，音強對應振幅，音色對應波形。

聲音的高低

「音樂」的三要素是旋律、節奏、和聲，但這裡介紹的是音樂中所用的「樂音」在物理上的三要素。也就是音高、音強以及音色。

音高是由聲音在1秒內振動的次數，也就是頻率f（單位：赫茲〔Hz〕）決定的。頻率愈高的聲音聽起來音高愈高。而兩音頻率恰好是2倍的音就叫八度音。

音速會因氣溫而有些許改變，但基本上在15℃時一定是340m/s左右，故利用波的基本式$v = f\lambda$（第165頁），可以得知低音的波長較長，高音的波長較短。而相差1個八度的音頻率剛好是2倍，波長則只有一半。

〔圖1〕　聲音的高低

高音（頻率高）

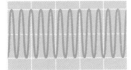

低音（頻率低）

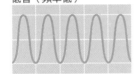

 ## 聲音的強度

音強與空氣振動的壓力振幅P（單位：帕斯卡〔Pa〕）有關。如前所述，聲音是一種在空氣中傳遞的疏密波，所以空氣壓力的細微變化都會以振動的形式傳遞出去。

請把圖2看做壓力的變化表。此時平均壓力到最大壓力的偏振幅度就叫壓力振幅。壓力振幅P愈大，則聽起來愈大聲。

聲音的強弱可用「聲壓級」表現，單位是分貝〔dB〕。以人類耳朵可聽見的最小聲音為基準，假設它的壓力振幅為P_0，當$P = P_0$時聲壓級就是0dB。壓力振幅每增加10倍，聲壓級的數值就增加20dB。

〔圖2〕　聲音的強弱

強音（振幅大）

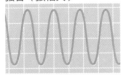

弱音（振幅小）

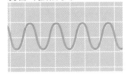

音色

音色的差異，使我們能在音高相同、強度也相同的情況下，仍能分辨出不同的樂器，這是因為不同樂器彈奏出的音波波形不同。用麥克風把聲音錄下來後放到示波器（用來觀察訊號波形的裝置）上觀察，就能一眼看出差異。

週期性的波可以表現為多個頻率為整數比的正弦波的疊加，關於這點我們會在下一節「波的疊加原理」中更詳細地說明（第174頁）。以樂音來說，其中頻率最低的正弦波成分稱為「基礎音」，而其他頻率為基本音整數倍的成分稱為「泛音」。

基礎音混合多個泛音後，可以產生各種各樣的波形。我們人類的聽覺可以在瞬間分辨泛音的混合比，藉此辨識作為音源的樂器或人。

圖3是聲樂的人聲和主流樂器在演奏時最常使用的音高頻率範圍。由圖可看出音頻愈低的樂器，體積通常也比較大。

〔圖3〕 聲樂和樂器的頻率範圍

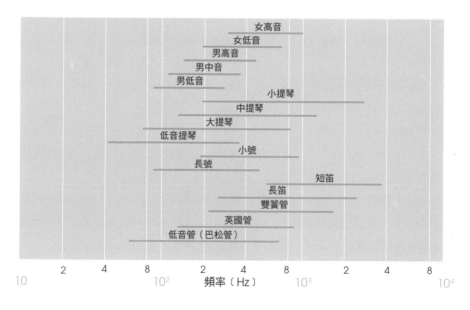

這種時候派得上用場！

● 音階可用頻率比產生

畢達哥拉斯發現頻率比為簡單整數倍的音同時演奏時，會形成十分協調美麗的和音，並以頻率比為2：3的「完全五度」關係為基礎，設計了一套音程。

例如以 Do 音為基準，頻率為 Do 音 $\frac{3}{2}$ 倍的是 So 音。

而若乘上 $\frac{3}{2}$ 的倒數，也就是頻率為 Do 音 $\frac{2}{3}$ 倍的音是往下的 Fa 音。因為差八度的音是同一個音，且頻率正好是2倍的關係，故 $\frac{2}{3}$ 的2倍，也就是頻率是 Do 音 $\frac{4}{3}$ 倍的音，即是往上的 Fa 音（相對於基準音是「完全四度」的關係）。

以基準音為中心，往上往下各做3次上述的操作，就能得出7個音高。這就是「畢氏音程」。就這樣，今日我們所用的 Do Re Mi 的祖先，最古老的音階誕生了。

重視協調音之美的畢氏音程，在早期文藝復興時代前一直都是西方音樂的標準音程。

現代的西方音樂則廣泛採用「十二平均律」。這是將1個八度分為12個頻率正好為等比數列的半音的音程。

雖然十二平均律是以畢氏音程為基礎，但它的2個相鄰半音的頻率比是 $^{12}\sqrt{2} = 1.059463$ 倍（十二次方後正好是2倍，也就是1個八度的數）。由於是無理數，所以每個和音都不是完全整數比。

雖然因此犧牲了一些協調性，但每個音的間隔都相等，轉調和移調都更加容易，使得音樂能夠有更多樣的表現。這個原理和唱卡拉ＯＫ時，升降key就能使整體的音高平行移動是同樣的。

軼事

人類的聽域

　　人類聲音的頻率，成年男性平時說話的聲音大約是100～150Hz，女性是200～300Hz，比男性約高了1個八度。專業的女高音歌手有的甚至能發出3000Hz的高音。

　　另一方面，人類的耳朵「能聽見的音」頻率在20～2萬Hz之間，大約廣達10個八度。20Hz的音實際上與其說是被耳朵聽到，更像是被皮膚感覺到。而低於20Hz的音稱為「超低頻音」，被認為是噪音汙染的主因。雖然這種音理論上無法被人類聽見，卻能夠被「感覺到」。

　　而能聽見的高音極限則因人而異，且會隨著年齡增長而下降。年輕人大多可以聽見頻率接近2萬Hz的音，但年齡增長後能聽見的音域會愈來愈小，大多數的老人都無法聽見1萬5000Hz以上的頻率。

　　人耳聽不見的2萬Hz以上的音俗稱「超音波」。超音波被應用在不會傷害人體的內科診斷、超音波洗衣機、漁船的魚群探測器等。

　　已知貓、狗之類的動物有些可以聽見超音波。蝙蝠、海豚在超音波的運用上更是靈活，牠們能分辨自己發出之超音波的回音，並能以此來判斷障礙物或獵物的位置和動態。這種原理叫做「回聲定位」。

所有事物
傳遞的原理

波的疊加原理

約瑟夫・傅立葉

數位圖像的壓縮技術不能沒有它，
被應用於「傅立葉分析」的原理

發現的契機！

—— 應用了「波的疊加原理」的「傅立葉分析」是由18世紀的約瑟夫・
傅立葉先生（1768～1830）提出的。不過話說回來，請問波的疊加原
理的內容究竟是什麼呢？

這個原理說的是「多個波重疊部分的相位，等於個別波單獨相位的總
和」。例如波峰和波峰重疊會變成更大的波峰，而波峰和波谷重疊則
會互相抵消。

—— 傅立葉分析則是在講「複雜的週期函數，可以表示為多個不同週期的
三角函數的和」對吧。

是的，波的疊加原理正是傅立葉分析的原點。使用傅立葉分析，可以
將複雜的函數分解成多個簡單的波形。我原本從事的是熱傳導相關的
研究，是為了解熱傳導的方程式才想出了這個分析法。不過，其實瑞
士的丹尼爾・白努利先生（1700～1782）早在1753年研究弦的振動
時，就已經提出了相同的分析方法。只可惜他雖然比我更早出生，卻
因為思想太超前時代，反而沒有受到當時的科學界重視。

—— 在現代，「傅立葉分析」被廣泛用來分析聲音、光、電腦圖像等等，
是應用範圍廣泛的強力工具喔。

那真是太光榮了。不過，也請別忘了白努利先生喔。

▸ 多個波重疊時，合成波的相位等於個別波獨立相位的總和（波的疊加原理）。

▸ 當2個波相遇重疊時，兩波的波形皆不會被破壞，而是會穿過彼此繼續前進（波的獨立性）。

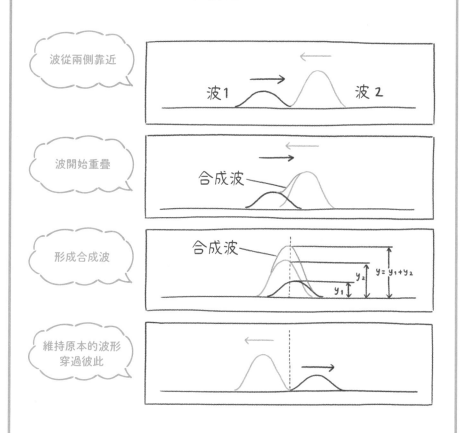

波從兩側靠近

波開始重疊

形成合成波

維持原本的波形穿過彼此

多個波在相撞後仍會各自獨立前進。而重疊部分的相位等於個別波相位的總和。

波 的 疊 加

　　普通的物體相撞時，要不互相彈開彼此，不然就是彼此黏在一起，甚至是撞得粉碎四散。那麼波相撞的時候又會如何呢？

　　波在傳遞的時候，負責傳遞波的介質只會發生振動，本身並不會移動。就像足球比賽上的觀眾會進行的「波浪舞」，觀眾只是坐在原本的位子上舉手起身再坐下，並沒有移動座位。只有波形會不斷傳遞下去。

　　如同上述說明，由於波的傳遞不伴隨物質的移動，所以多個波就算撞在一起也不會影響到對方，只會直接穿過去。這就稱為波的獨立性。正因為波有獨立性，所以我們才能在嘈雜的人群中與朋友說話，即使在一大堆手機的電波交錯的空間中也不會影響到通話品質。

　　而在波與波重疊的地方，會發生波的合成。此時的原理就是「波的疊加原理」。在波疊加的地方，合成波的相位會剛好等於個別波獨自通過時產生的相位總和。

 ## 什 麼 是 傅 立 葉 分 析

　　一般而言，所有波形複雜的波都可以視為多個頻率和振幅各異的正弦波的疊加。譬如像圖1那樣波形乍看很複雜的波，就可以分解成右邊那樣的正弦波。圖1右側的3個波是俗稱傅立葉成分的正弦波。最上方的是頻率與原始波相同的成分，往下則分別是頻率為原始波2倍、3倍的成分。用聲音來比喻，就相當於泛音。

　　圖1的例子只有3個成分，但事實上只要存在週期，無論什麼樣的波都可以用不斷疊加傅立葉成分，慢慢合成出想要的波形。只要不斷重複相同的步驟直到獲得所需的精度即可。

　　這種將任意波形的波分解成多個正弦波的方法，就稱為傅立葉分析，被應用在很多領域。只要知道分解的成分比（頻譜），就能透過波的疊加還原出原本的波形。

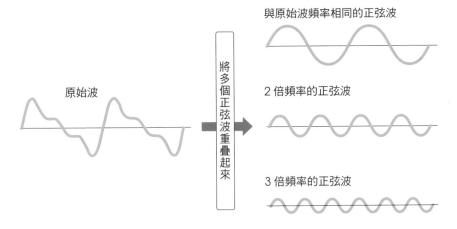

與原始波頻率相同的正弦波

將多個正弦波重疊起來

原始波

2 倍頻率的正弦波

3 倍頻率的正弦波

這 種 時 候 派 得 上 用 場 ！

圖像壓縮和傅立葉分析

以波的疊加原理為基礎的傅立葉分析的應用範圍非常廣泛，若要舉出與現代人日常生活最貼近的例子，或許是數位影像的壓縮技術。

最近的手機相機畫素隨便都是上千萬畫素起跳，如果把相機拍到的資訊全都原原本本記錄下來，產生的資料量會十分龐大。因此，為了減少傳輸時間，並節約記憶體，廠商們開發了一種可以壓縮影像檔大小的技術。而手機和數位相機常用的JPEG等壓縮影像格式，以及數位電視的節目訊號，都有運用到以傅立葉分析基礎發展而來的訊息轉換技術。

大致來說，它的原理就是只精確保留原始圖像的粗略色塊和醒目輪廓，然後把難以被肉眼辨識的細部情報統統省略。

所有事物
傳遞的原理

惠更斯原理

克里斯蒂安・惠更斯

波重合後會互相加強形成新的波。
此現象被應用在衛星和天線上

發 現 的 契 機 ！

—— 「惠更斯原理」是17世紀的數學家兼天文學家，克里斯蒂安・惠更斯先生發現的。請問這是什麼樣的原理呢？

 所謂的波，是一種藉由介質（傳遞波的物質或物體）的振動傳播的現象。例如你把這個桶子裝滿水，在水面製造一點波紋看看。

—— （戳兩下）。……啊，波峰（最高的部分）和波谷（最低的部分）彼此是相連的。

 那就稱為「波面」。波面可以是圓形也可以是直線，能夠形成各式各樣的形狀喔。

—— 觀察波的傳播方式，我發現波面看起來就好像在往前跑。

 而我基於波的疊加原理，想出一套理論解釋了這種波的傳播方式。那就是惠更斯原理。

—— 除此之外您還研究了光學。牛頓先生主張光是一種粒子，而您則認為光是一種波。

 2束光線可以在不互相妨礙的情況下交叉而過，所以光一定是一種波。我認為光的本質可能是一種在由堅硬的微粒子組成的介質中傳遞的波，就像音波在空氣中傳播那樣。對此虎克先生提出了「乙太」學說，只可惜這個假說後來被否定了……。

▸ 波是一種介質的振動逐次傳遞的現象。

▸ 子波指的是前進的波面在某瞬間的微小部分的動態，向周圍擴散所產生、肉眼看不見的無數微弱圓形波（在立體空間中則是球面波）。

▸ 包絡線（包絡面）指的是某曲線（曲面）群共同相切的曲線（曲面）。因為看起來像是由所有曲線（面）連成包住整個波的線（面），所以叫包絡線（面）。

▸ 以1個波面上所有的點為中心畫出子波，這些子波的包絡面就是下一個波面（惠更斯原理）。

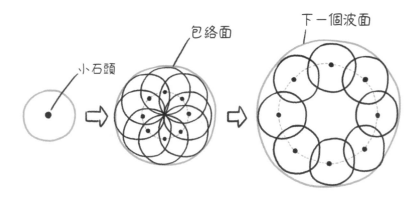

把小石頭丟入水池，會產生一個以入水點為中心向外擴散的圓形波，且此波面上的所有點又會產生無數微小的子波。而與所有子波共同相切的包絡面（藍線）就是下一個波面。

從波面一齊擴散的微弱子波會彼此重疊加強，形成新的波面。

用圓形的波製造直線波

　　往平靜的池面丟入小石頭，會濺出1個圓形的波紋。如果同時丟入2個石頭，則會出現2個一樣的波紋，一邊穿過彼此一邊往外擴散。因為波有獨立性，所以2個波的波紋不會影響彼此，只會自顧自地往外擴大，重疊在一起。

　　那麼假如把很多個小石頭以等間隔排成一直線，同時丟入水中呢？結果會如圖1，波源也排成一直線，且因各自發出圓形波會以相同速度往外擴散，故圓形波的外緣會逐漸形成一條直線狀的波面。換言之這個直線狀的波面，就是這些不斷擴大的圓的共同切線。

〔圖1〕 圓形波產生直線狀波面的情況

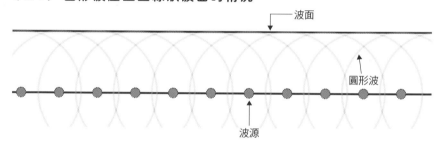

 ## 子 波 會 互 相 加 強 ， 形 成 新 的 波

　　波是介質的振動逐次傳遞的現象，而每個瞬間波面的微小部分的動態，都會像掉進池子的小石頭一樣，生出向周圍擴散但肉眼看不到的微弱圓形波（在立體空間中則是球面波）。這種微弱的波叫做「子波」。

　　由於單一波面上所有的點會整齊劃一地振動，所以子波也會在同一時間一起產生。如同圖1中一起丟入水裡的小石子會同時生出波紋。這種子波雖然每個都微弱到幾乎看不見，但在無數的子波同時交疊的地方（包絡面：共同相切的面），會因波的疊加原理而重疊加強，變成肉眼可見的波。而這就是新的波面。這就是惠更斯原理的內容。用惠更斯原理能夠完美解釋波為何能在不互相妨礙的情況下交錯而過，以及能從牆壁後面繞過牆壁的「繞射」這

種波動特有的現象。

　　後來法國的菲涅耳（1788～1827）在數學上補強了惠更斯的理論，使得在惠更斯時代難以解釋的「為何不存在反向前進的波」這問題得到完整的解答。而經過菲涅耳補充後的惠更斯原理又叫「惠更斯－菲涅耳原理」。

〔圖2〕 牆壁後面的波穿過牆壁縫隙擴散的情況

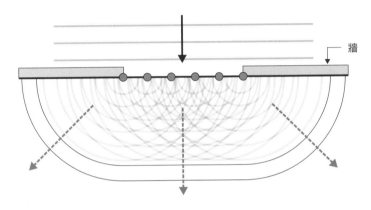

在牆壁縫隙振動的介質各點，會有無數的子波以圓形向四周擴散。儘管每個子波都小到看不見，但它們會重疊加強，形成可被觀察到的新波面。而這個重疊相加的部分在數學上稱為「包絡線（包絡面）」。

利用惠更斯原理，即可完美解釋波從牆壁後面繞至前方的「繞射」現象。

這種時候派得上用場！
∨

可預測集中型暴雨的「相位陣列雷達」

　　將惠更斯的發想靈活運用的例子是相位陣列雷達。

　　這種雷達是由平面上大量整齊排列的小天線組成，可同時射出跟子波一樣微小的球面電波。如下方圖3－b，藉由規律地錯開每列天線發射電波的時間，相位陣列雷達就可在短時間內射出不同方向的電波束。

　　這項技術也在日本的超高速通訊衛星「WINDS」（於2008年升空）上進行了實證實驗。在以毫秒為單位的短時間內，WINDS藉由快速切換電波束的發射目標，向受災地等需要對外通訊的地區集中發射電波之實驗大獲成功。另外地球觀測衛星「大地」（2006年）、「大地2號」（2014年）也使用這種雷達進行地表地形的大規模調查。

　　而更貼近生活的例子則有氣象雷達的開發，期待這項技術未來能幫助科學家預測短時間內發生的集中豪雨。

〔圖3〕 相位陣列雷達及其原理

（a）

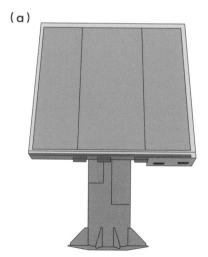

（b）

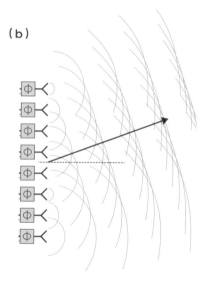

軼事

首次登陸土衛六「泰坦」

　　小型行星探測器「惠更斯號」是人類史上第一架成功登陸土衛六「泰坦」的探測器。這是由歐洲太空總署（ESA）研發的無人探測器。

　　「惠更斯號」在1997年與美國發射的土星探測器「卡西尼號」一同從地球升空。在進入土星的衛星軌道後，惠更斯號脫離卡西尼號本體，在2005年1月14日成功登陸土衛六表面，將影像和觀測資料傳回地球。土衛六的大氣層主要成分是甲烷，因存在氣象變化而受到科學家關注，是太陽系中第二大的衛星。

　　這架探測器的名字想當然耳是來自克里斯蒂安・惠更斯。因為土衛六正是他在1655年用自製的望遠鏡觀察土星時發現的。同年也確認了土星環的存在。伽利略在觀察到土星奇妙的形狀後，形容土星是一個「有耳朵的星星」；而惠更斯則製作出性能更精良的望遠鏡，首次確認了「土星環」的存在。

　　儘管「惠更斯號」現在已經結束了它的任務，但直到現在它仍是所有成功登陸天體的人造物中離地球最遠的紀錄保持者。

沒想到以我的名字命名的
探測器竟在宇宙中活躍。
太感動了……！

所有事物
傳遞的原理

波之章

反射・折射定律

威理博・司乃耳

從眼鏡、望遠鏡
到光纖通訊、內視鏡

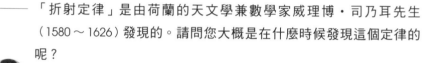

發現的契機！

—— 「折射定律」是由荷蘭的天文學兼數學家威理博・司乃耳先生
（1580～1626）發現的。請問您大概是在什麼時候發現這個定律的
呢？

我是在1621年左右注意到此現象，但我沒有將這個發現出版為論
文。因為早在古代就有很多人研究過光的折射了。

—— 英國的托馬斯・哈里奧特先生似乎也在1602年發現了相同的定律。

是這樣嗎？他似乎也沒有留下太多著作。果然將自己的成就寫成文字
出版很重要呢。

—— 但在1690年惠更斯先生出版的知名著作《光論》中，卻有介紹司乃
耳先生的學說，讓您突然也沾到了光。

那已經是我死後超過60年的事了。沒想到居然會有這樣的發展。

—— 折射是透鏡和稜鏡的原理基礎。眼鏡讓很多人得以過上方便的生活，
而運用透鏡的望遠鏡和顯微鏡則開創了科學的新時代。稜鏡也開拓了
名為光譜學的新學科。

我當初研究折射的時候根本沒想得那麼遠，真是擔當不起啊。真的太
感謝惠更斯先生了。

▸ 波在碰到介質的交界時，會在交界面上發生反射、折射。反射和折射通常會同時發生（只有全反射的時候會只發生反射）。

▸ 反射波相對於交界面（鏡面等）的角度和入射波相同（入射角＝反射角）。

▸ 折射是在波穿過介質交界，波速改變時發生的現象。當波進入傳播速度更慢的介質時，波的行進路線會向「折射角＜入射角」的方向彎曲。

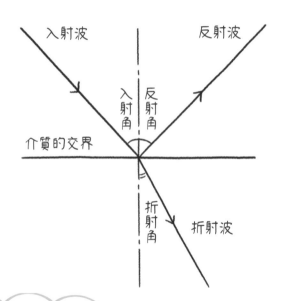

光、音波、水波都有這些性質，是波的普遍性質。

波會在介質的交界發生反射、折射。反射和折射會同時發生。折射是因為波速改變而發生。

反 射 定 律

在介質中前進的波速永遠保持恆定，且只要沒有遇到障礙物，永遠以直線前進。換言之波的行進方式基本上是等速直線運動。只有在穿過介質的交界導致波速改變，或是遇到某種障礙物時，波才會改變前進路線。

〔圖1〕 鏡子反射光線

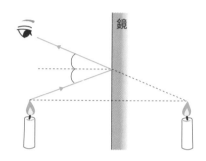

回想一下小學做過的光的實驗。正常情況下，光會於空氣中直線前進。撞到鏡面時會發生反射，是因為行進方向上存在與空氣截然不同的物體。由於鏡子使用的是能夠很好反射光線的金屬，所以幾乎大部分的光都會被反射。

由反射光只是掉頭改變方向，但依然在空氣中前進，所以光速在撞到鏡面後不會改變。此時，光的前進路線相對於鏡面是對稱的，因此入射角＝反射角，符合反射定律。

如圖1所示，對於看著鏡子的人而言，光源看起來就像在鏡中的對稱位置。這是我們每天都會見到的光景。當反射面不是像鏡子一樣的平面，而是凹凸不平的時候會出現漫射現象；但如果把凹凸的表面放大，則表面上的微小部分依然是遵守反射定律的。

折 射 定 律

2種不同的介質相接，當波從第1介質穿過交界面進入第2介質時，假如波速發生改變，就會出現折射。

以中學學到的光的折射實驗舉例，光在水中前進的速度只有在空氣中的 $\frac{3}{4}$ 左右。此時，以傾斜角度射入水中的光會朝「折射角＜入射角」的方向轉彎。這句話可以用以下的例子來理解。

右頁的圖2是一個排成橫列的隊伍，以傾斜的角度從沙灘走進海中的情況。

相對於在沙灘上行進的速度 v_1，在海中前進的速度 v_2 要慢得多。所以先走進海中者的人，腳步會慢下來，讓隊伍自然地出現像圖一般的彎折。這就是折射發生的原因。

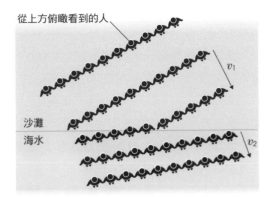

〔圖2〕 朝大海前進的隊伍

如圖3，假如以入射角為 θ_1、折射角為 θ_2，則

$$\frac{sin\theta_1}{sin\theta_2}=\frac{v_1}{v_2}=n_{12} \quad \cdots\cdots ①$$

或者是

$$n_1 sin\theta_1 = n_2 sin\theta_2 \quad \cdots\cdots ②$$

這就叫折射定律或司乃耳定律。

v_1、v_2 分別是波在兩種介質中的波速，n_1、n_2 則是每種介質的折射率（絕對折射率），n_{12} 則是介質2相對於介質1的相對折射率。

〔圖3〕 折射定律（司乃耳定律）

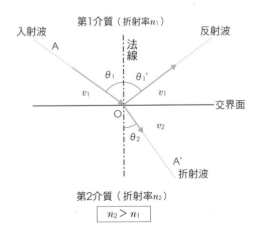

第1介質（折射率n_1）
入射波
A
法線
反射波
θ_1　θ_1'
v_1　　v_1
交界面
O
v_2
θ_2
A'
折射波
第2介質（折射率n_2）
$n_2 > n_1$

反射波：與入射波同在第1介質中前進的成分

折射波：穿過交界面在第2介質中前進的成分

入射角 θ_1、反射角 θ_1'、折射角 θ_2：每個波前進的方向（射線）與垂直於交界面之法線的夾角

折射率（絕對折射率）：相對於基準介質的折射率

全反射

前面的講解都是假設 $v_1 > v_2$（因此 $n_1 < n_2$）的情況。此時 $\theta_1 > \theta_2$，無論入射角 θ_1 是多少都一定會發生折射。

假如 $v_1 < v_2$（$n_1 > n_2$）的話，又會發生什麼事呢？光從水中朝水面前進，又或是聲音從空氣進入水中就屬於這種情況。

因為這次是 $\theta_1 < \theta_2$，所以隨著 θ_1 愈來愈大，θ_2 會先達到 $90°$。而直角是折射角的極限，所以入射角 θ_1 再往上變大的話，就不會再發生折射，所有的波都會在交界面發生反射。這現象叫做 全反射，當 $sin\,\theta = \dfrac{v_1}{v_2} = \dfrac{n_2}{n_1}$ 時，入射角 θ 稱為 臨界角。光從水進入空氣的臨界角約為 $49°$，而音波從空氣進入水中的臨界角約為 $13°$。

下潛到水裡，遠處的水面會像鏡子一樣倒映出水底的景象，且幾乎聽不見水面上的聲音，就是因為光和聲音都發生了全反射。因為水面上方 $13°$ 的範圍內通常不存在音源，所以空氣中不會有任何音波進入水中。因此游泳池觀眾席上的加油聲，很遺憾地，在水中的運動選手其實幾乎是聽不到的。至於水上芭蕾的音樂則是透過水中音響直接在水裡播放。

〔圖4〕 水中的人接收到聲音和光

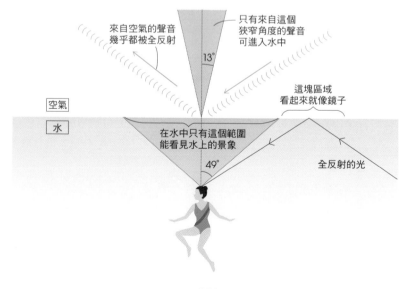

在鏡子和眼鏡上大活躍

反射和折射在日常生活中的應用不勝枚舉。包含我們每天都會用到的鏡子在內，其實我們平常進行「觀看」的行為時，看到的大部分都是反射光，所以光的反射與我們的生活息息相關。

折射也一樣，被應用在眼鏡、放大鏡、單筒及雙筒望遠鏡等透鏡上。照片和電視的影像也都是利用透鏡成像的，因此折射可以說是上天賜給我們的禮物。

活躍於光纖和安全標示上

從端面將光線射入細玻璃纖維內，光線會在纖維的內面被全反射，而不會從側面漏出，因此可以順著纖維在沒有任何能量損失的情況下把光送到遠方。這就是光纖技術。光纖是網路、電話等通訊系統中不可或缺的傳輸手段，我們每天都會用到它。而醫療檢查用的胃鏡和內視鏡也利用了光纖技術。

裝在腳踏車後方的紅色反射燈，也是利用全反射提高反射率。這種用玻璃或塑膠製成的反射燈就像立體的角一樣，是由互相垂直的3個面組成，可以完全反射入射光，並正確地將入射光反射回原本的方向，俗稱角反射器，被廣泛運用在腳踏車的反射燈和交通護欄的安全標示等方面。

在50年前阿波羅計畫中登陸月球的太空人安裝在月面上的角反射器，直到今天仍能正確地反射地球發出的雷射，因而可用來測量地球到月球之間的精確距離。可見全反射在很多方面都大有用途。

所有事物
傳遞的原理

光的波動說和微粒說

艾薩克・牛頓

光是波，還是粒子。
圍繞光的本質僵持了200餘年的爭論

發現的契機！

—— 本回再次邀請到艾薩克・牛頓先生。牛頓先生在力學領域相當活躍，沒想到居然對光學也有研究嗎？

只要是有興趣的東西，我都會一頭栽進去研究。我對光的研究是從1666年開始醞釀的。那段時間倫敦爆發大瘟疫，我便回到故鄉伍爾斯索普待了1年半左右。

—— 聽說您還做過稜鏡的實驗呢。

我從年輕時就對光很有興趣。為了消除望遠鏡的色差（因折射率不同導致的顏色偏移），我還發明了反射望遠鏡呢。

—— 後來這種望遠鏡被稱為「牛頓式望遠鏡」，是一個大發明呢。

我把它的改良版送給皇家學會時，大家似乎都很高興呢。也因為這緣故，他們才在1672年邀請我成為會員。

—— 1704年時，您出版了光學研究的集大成之作《光學》。但另一方面，克里斯蒂安・惠更斯先生卻於1690年出版了《光論》，提出光的波動說和子波的概念……。

我個人認為光絕對是一種粒子。這個宇宙的所有事物都是由微小粒子組成，並依循我發現的力學定律運動。光應該也不例外。除非遇到障礙物，否則不論在何處都以直線前進的現象，可以用慣性定律（第34頁）來解釋。而光在遇到障礙物時不是會形成影子嗎？這正是光受到物體的作用力後改變路徑的證據啊！

光的波動說（惠更斯的理論）

▸ 光是一種透過名為「乙太」的介質振動傳遞的波動現象。

▸ 2束光即使交叉而過也不會互相妨礙。

▸ 根據惠更斯原理，光的反射、折射、繞射（波可以迂迴繞過物體的性質）現象都可以用子波的疊加來解釋。

光的微粒說（牛頓的理論）

▸ 光是一種由發光物質射出的極微小粒子。

▸ 粒子在真空或均勻的介質中會以直線行進。

▸ 粒子在介質的交界上會因受力而改變運動狀態。（折射、反射）

| 光的波動說 | 光的微粒說 |

可以略微繞到物體背面

會形成清晰的影子

微小的粒子在真空中也能運動

「乙太」的振動會以波的形式傳播

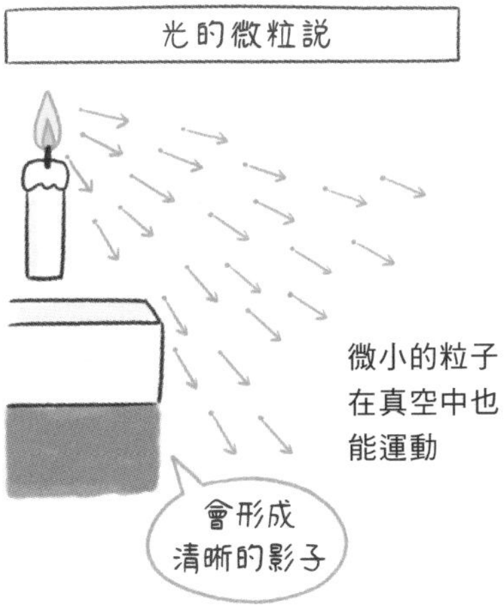

惠更斯和牛頓誰才是對的？

　　惠更斯認為光是一種波動。而波動是振動傳遞的現象，所以需要傳播的媒介。因此惠更斯假定了一種未發現的物質「乙太」當成光的傳播介質。如果光是波動的話，那麼光的反射、折射、繞射等現象，都能用前一節介紹的惠更斯原理（第178頁）合理地解釋成子波疊加的結果。

　　另一方面，牛頓則認為光是某種微小粒子的運動。光在沒有障礙物的情況下總是直線前進，且遇到障礙物時幾乎無法繞過，會形成清晰的影子，牛頓認為這都是微粒說的最好證據。

　　在牛頓力學中，物體不受外力作用時會持續做等速直線運動（慣性定律），因此牛頓認為光的粒子也會遵循此法則。光之所以會反射、折射，是因為光的粒子在介質的交界受到外力作用，這點也符合運動定律。

光速的測量將決定勝負？

　　以光從空氣射入水中的表現為例，光在射入水中時總是會往入射角小於折射角的方向偏移。根據波動說的解釋，這是因為「光速在水中比在空氣中更慢，所以根據惠更斯原理，折射角會變小」。

　　另一方面，用牛頓的微粒說來解釋的話，則是「因為光的粒子從空氣進入水中時會被強力拉扯，所以會往被拉扯的方向彎曲，改變速度的方向」。此時，粒子的速度會因被水拉扯而加速，因此光在水中的速度會比在空氣中更快。換言之，只要實際測量出光在空氣和在水中的速度，並兩相比較，就能夠知道誰的論點才是正確的。

然而，因為光速高達30萬km/s，實在是太快了，所以在惠更斯和牛頓的年代都沒有人能成功測量出光速。因此這個論爭直到牛頓死後超過100年才分出勝負。

1849年，法國的斐索利用旋轉的齒輪成功測出光速。這是人類首次在地球上測量到光速。隔年的1850年，傅科又進一步改良這方法，利用旋轉的反光鏡在實驗室內成功測出光速。隨後他又立刻在光的行進路線上安裝了一個細長的水槽，也測出了水中的光速。

結果，傅科發現光在水中的速度只有在空氣中的約 $\frac{3}{4}$。使風向一口氣倒向惠更斯的波動說。

〔圖1〕 光從空氣進入水中時的折射方式

（a）微粒說

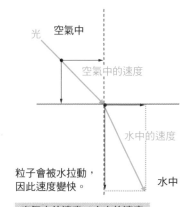

空氣中的速度<水中的速度

（b）波動說

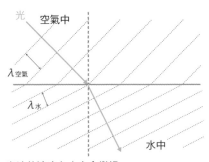

光波的速度在水中會變慢，波長λ會變短。
λ空氣表示光在空氣中的波長，
λ水表示光在水中的波長。

空氣中的速度>水中的速度

用微粒說解釋，
光在水中的速度
會變快。

用波動說解釋，
光在水中的速度
會變慢。

超過 200 年 的 論 爭 終 於 有 結 果

在此之前，由於牛頓力學大獲成功，使牛頓在科學界獲得不可動搖的威信，因此惠更斯等人的波動說受到不少打壓。然而進入19世紀後，由於楊格等人精密的光的折射和干涉實驗（第205頁），以及斐索和傅科成功量出光速，取得決定性的結果，光的波動性在實驗中得到證實，令光的波動說一吐怨氣取得逆轉勝。

不僅如此，1864年馬克士威又在理論上證明了光是一種電磁波，讓所有人都相信光的真面目已經被完全解開。

然而，這場勝負並未就此落幕。光的真相直到20世紀後才真正被人揭開。

進入19世紀後半，由於「黑體輻射」（不反射光線的物質發出的光）的研究，科學家指出若光真的只是電磁波，那麼有些現象將無法被解釋。直到1900年馬克斯・普朗克發現「普朗克定律」，1905年阿爾伯特・愛因斯坦提出「光量子論」後，科學家才終於發現光同時具有波動性和粒子性，是種具有「二象性」的存在。

今天，我們已經知道「波粒二象性」是所有泛稱量子的微粒子普遍具有的基本性質，也是「量子力學」的基本概念。

這 種 時 候 派 得 上 用 場 ！

 眼 見 可 為 憑 的 理 由

假如光會像音波那樣明顯繞射，可以繞過障礙物前進的話，那麼我們看到的所有東西都將輪廓模糊，無法確定真實的位置。我們之所以能「相信」物體就在「看到」的地方，是因為我們相信光具有直進性。

假如行進路線上的物質是均勻的，我們就可以確定光是直線從光源進

入我們的眼睛。相反地，如果中間發生了反射或折射，那麼我們就可能產生錯覺，以為光源存在於實際上不存在的位置上。就像在鏡中看見自己一樣……。

光之所以具有顯著的直進性，是因為光的波長只有0.5μm（μm是1mm的1000分之1）左右，屬於波長極短的波動。若進行精密的實驗，就會發現光也存在繞射、干涉的現象，但這件事是在牛頓死後才在實驗中發現的。

能看見星星是因為光的粒子性

即使是光源本身的亮度相同，但遠方的光源看起來總是比較暗，相信大家都親身體會過這點。這是因為進入人眼的光量與距離平方成反比。

夜空中能被肉眼捕捉的無數繁星，實際上都是跟太陽一樣巨大的高溫光球，然而它們看起來卻不像太陽那樣耀眼，是因為它們都位在即使用光速也要跑上數年到數千年才能到達的遠方。

經過詳細的計算，若按照古典的波動理論，如此遙遠恆星發出的光在行進這麼遙遠的距離後，剩下的能量無論如何都不足以刺激人類的視覺細胞產生「看到」的感覺。因此會得出人類不可能看見星星的結論。

然而，如果光同時具有波動和粒子的特性，恆星會射出帶有與振動頻率成正比的能量之粒子（光子）的話，即使到達肉眼的數量很稀少，這些光子也能刺激視覺細胞。所以我們能看見夜空的繁星，其實就是光具有粒子性的最好證據。

所有事物
傳遞的原理

光的色散和頻譜

光的偏折角度會因波長而變。
從看得見彩虹的原理到分光分析技術

約瑟夫・馮・夫朗和斐

發現的契機！

—— 本回的來賓是因研究太陽光光譜而以「夫朗和斐線」留名的德國物理
學家約瑟夫・馮・夫朗和斐先生（1787～1826）。聽說您大幅改進
了透鏡的製造方法，還研發出性能良好的稜鏡分光器。

家父是一位鏡子工匠，我自己也曾在玻璃工房當過學徒，所以很擅長
製作光學器材。1813年前後時，我把小型望遠鏡裝在性能出色的稜
鏡上，開發出可以精密觀察光譜的分光器。然後再用這種分光器觀察
太陽光，發現在我們熟知的彩虹中能看到大約700條細小的暗線。

—— 1802年英國的沃拉斯頓先生也發現了幾條暗線，但他似乎沒有深入
追究那是什麼。

我測量並記錄其中570多條暗線的波長，並替它們取了名字。

—— 而那些暗線就是知名的「夫朗和斐線」對吧。後來科學家才明白這其
實是太陽大氣和地球大氣產生的「吸收光譜」，並引導了分光學和天
文學的發展。

似乎是這樣呢。能成為科學發展的契機真是太好了。

—— 在全德國擁有眾多研究室的歐洲最大應用研究機構「夫朗和斐應用研
究促進協會」也是以您為名。您可以說是德國的人民英雄呢。

我的祖國同胞願意用我的名字來命名，真是莫大的榮幸啊。

▸ 波長在我們肉眼可見範圍內（約 400 ~ 800 nm）的電磁波，俗稱可見光（也就是我們平常說的光）。

▸ 入射光在通過稜鏡時被分成不同波長的光的現象，稱為光的色散。

▸ 光的色散是因不同波長的光在介質中折射率不同所致。

▸ 因色散而被分離出來的不同波長的光帶，叫做光譜或頻譜。通常頻譜這個詞指的是將訊息或訊號依成分分解後，用來顯示各成分大小的圖或表。

頻譜

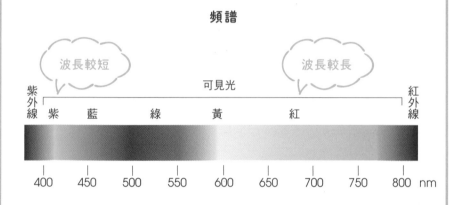

光的折射方式會因波長（顏色）而異，所以可以用稜鏡等工具分離成光譜。

肉眼可見的彩虹七色

我們的眼睛可以直接辨識真空中波長約介於 400 ~ 800 nm 的電磁波，並將其稱為可見光。

光的「顏色」對應的是波長，波長較短的光偏紫色，而波長較長的光偏紅色。太陽光這種白色光則是由多種顏色混合而成的光。

儘管光速在真空中不受波長或頻率影響，是固定的（約30萬 km/s）；但在物質中卻會因波長（頻率）而有些許差異。例如白光通過玻璃的時候，同時進入的各成分會漸漸偏移分開。這個現象叫做色散。

根據折射定律（司乃耳定律，第184頁），折射率就是波在2種介質中的速度比，而光的色散也是因為不同波長的色光折射率不一樣所致。當光如圖1傾斜射入的時候，雖然所有色光的入射角都相同，但折射角卻不一樣，所以偏折的方式也因波長而異。結果白光就分成了彩虹的七色。仔細觀察7種色光的排列，就會發現色光的折射率是由紫到紅逐漸變大。

色散後被稜鏡析出的不同顏色的光帶就叫做光譜（英文是 spectrum）。

〔圖1〕用稜鏡將光分解成光譜

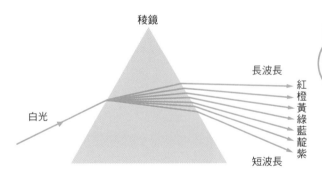

光從空氣射入玻璃時，紅光偏移的角度會比紫光大。因此穿過稜鏡的光會被分離成光譜。

彩 虹 是 光 的 成 分 ── 牛 頓 的 研 究

　　牛頓在1666年到1667年間，詳細研究了當時已廣為人知的「稜鏡可把白光分成多種色光」的現象。他在昏暗房間的窗戶上開了一個小洞，讓陽光射入，然後仔細觀察陽光通過稜鏡後形成的彩虹色帶。

　　儘管陽光射入的孔是圓的，但稜鏡的成像卻不是圓形，而是細長的色條。牛頓讓其中一道色光通過狹縫，再通過另一個稜鏡，發現那道色光雖然再次發生折射，卻沒有再分解出其他顏色。於是牛頓領悟到這道彩虹帶上一條條的顏色，就是「光的成分」。

　　接著他又做了另一個實驗，讓被稜鏡分解的光通過對稱設置的第2稜鏡，看看它們能否重新合成為白光，然後終於證明白光是由多種不同顏色的成分混合而成的。

　　他把這條色帶命名為「光譜」，並將一系列的研究成果於1672年整理出版為《光和色彩的新理論》。

〔圖2〕 牛頓的稜鏡實驗

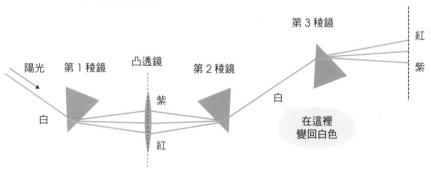

第3稜鏡

紅

紫

陽光　第1稜鏡　凸透鏡　第2稜鏡

白

紫

紅

白

在這裡
變回白色

白光（陽光）被稜鏡分光後，再被透鏡重新聚集通過稜鏡變回白光。就這樣，牛頓證明了彩虹是白光的構成成分，並將其取名為「光譜」。

為什麼彩虹可以被看見？

　　你有沒有在大雨過後的天空看過拱橋狀的彩虹呢？那美麗宏偉的彩虹橋究竟是如何形成呢？

　　當陽光照射到空中的雨滴時，太陽光在水滴中會像圖3－a一樣，經由折射→內面反射→折射的路徑折返。而這個被折回的陽光會進入背對太陽的觀測者眼中。同時水也會引起色散，把光分解成光譜；由於不同波長（色）的色光會以不同的角度折回，所以觀測者會在該方向上看見彩虹色帶。

　　這個色帶會以太陽的反方向為中心，形成視半徑為42°的紅色圓、40°的紫色圓（這個角度由水的折射率決定）。所以彩虹就是以水滴為稜鏡觀察到的太陽光光譜。

〔圖3〕 看見彩虹的原理

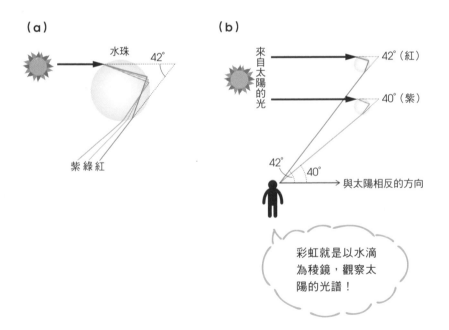

線狀光譜是測定元素的殺手鐧

夫朗和斐發明出高性能的稜鏡分光器，在1814年前後詳細觀察了太陽光的光譜，發現彩虹帶中存在著約700條的暗線。然後夫朗和斐測量其中570多條暗線的波長，並替其命名，進行系統性的研究。

後來人們才發現，這些被稱為「夫朗和斐線」的暗線，其實是太陽和地球周圍的氣體（大氣）產生的「吸收光譜」。

另一方面，被加熱至高溫的原子發出的光，則是只含有幾種特定波長的光的「線狀光譜」。每種元素的線狀光譜模式都是固定不變的，所以只要觀察線狀光譜，就能知道是哪種元素在發光。這就是1859年由克希荷夫和本生想出的分光光度法，可以只用極少量的試劑就測出元素的種類，加速了新元素的發現。

 ## 吸收光譜可用來分析
遠方星星的組成元素

非高溫狀態的原子具有一種特性，會選擇性地吸收與自己發出的光之波長相同的光，所以當光源發出的光通過氣體或其他介質時，背景的連續光譜會出現線狀的缺陷。這就是「吸收光譜」。因為只需反轉明暗，吸收光譜的型態就會變得跟線狀光譜相同，所以可以很輕易地利用吸收光譜找出究竟是哪種元素吸收了光。

利用這個原理，科學家即使待在地球上，也能藉由分析得知太陽主要是由氫元素組成，且含有少量週期表上原子序在鐵之前的元素。

另外，有一個當時在地球上還未被發現的新元素就是透過太陽的吸收光譜發現的，因此科學家便使用太陽的希臘語「Helios」為其取名，這個元素就是「氦」。所以吸收光譜也能幫助我們分析遙遠恆星的構成元素。

所有事物
傳遞的原理

光的繞射和干涉

波具有繞射、疊加的性質。
此性質被應用於 CD 和 DVD 的結構

湯瑪士・楊格

發現的契機！

—— 今天的來賓是英國天才科學家湯瑪士・楊格先生（1773〜1829）。

哈哈哈，被人稱為天才還真是難為情呢。

—— 您從小就閱讀成人的書籍和聖經，13〜14歲時已能說多國語言，成
為拉丁文、希臘文學者，而且還自己開業當醫生。另外聽說您還研究
過古埃及文字對吧？請問您的本業到底是什麼啊？

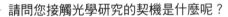

我在1801年成為皇家科學研究所的自然哲學教授，所以正式的頭銜
應該是物理學家。

—— 請問您接觸光學研究的契機是什麼呢？

身為一名醫師，我對散光等視覺機制很有興趣，便踏入了光學的道
路。人類的色覺由「紅、藍、綠」三原色組成的學說，就是由我提出
的。

—— 您在1802年發表的論文〈光和顏色的理論〉中，明確表示支持光的
波動說對吧。

是的，結果一發表就遭受到牛頓微粒說支持者的猛烈批評。但最後收
錄於《自然哲學講義》（1807年）中的雙縫實驗成為決定性的一手。
因為干涉現象不用波動說是無法解釋的。

—— 那項實驗就是為光的波動說提供決定性的證據，在歷史上被人稱為
「楊格實驗」的實驗對吧。

- ▸ 波繞過障礙物的現象稱為「繞射」。

- ▸ 多個波源發出的波彼此重疊、加強、抵消的現象稱為「干涉」。因干涉而增強、減弱的部位是固定不變的。

- ▸ CD和DVD表面的彩虹色光、肥皂泡表面或水面上油膜的虹光、螺鈿和蛋白石的奇妙色彩，全都源於光的干涉現象。

（a）光的繞射

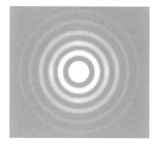

（b）光的干涉

a）雷射光穿過針孔，會在後面的布幕映出模糊擴散的光點。這是因為光在穿過細孔時會繞射。圖片是放大後的影像。

b）讓雷射光穿過2個距離非常接近的狹縫，布幕上不會只有2個光點，而會出現很多個亮點（楊格實驗）。

> 波會繞過障礙物（繞射）。多個波重疊時會互相強化或減弱（干涉）。

繞 射 的 情 況

　　為了幫助各位更好理解，這裡我們用水波來說明。在波的性質上水和光是一樣的。

　　圖1是用水波投影裝置觀察到的水波形狀。

　　從各水面下方狹縫穿過的波紋，會往上方前進。黑色的部分是牆壁，而水波在通過狹縫後仍能繞到牆壁的後面。

　　這就是繞射。

　　波的波長愈長，繞射現象就愈明顯可見；而波的波長愈短，直進性就愈明顯，愈難觀察到繞射。

〔圖1〕水波投影裝置產生的水波形狀

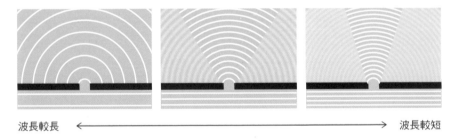

波長較長　←─────────────────────────────→　波長較短

 干 涉 的 情 況

　　假設有2個從波源S_1、S_2發出的同相位（波峰和波谷的時間完全一致）且同波長的圓形波，淡實線的圓代表波峰，淡虛線的圓代表波谷（圖2）。

　　黑色的圓點是波峰疊波峰或波谷疊波谷，互相強化的地方，沿著黑色的粗實線排列。

　　灰色的圓點是波峰和波谷重疊抵消的地方，沿著粗虛線排列。

　　如圖所見，因波的干涉，所以互相強化和互相抵消的點總是會出現在固定的位置。

〔圖2〕 2個波互相加強、抵消的點

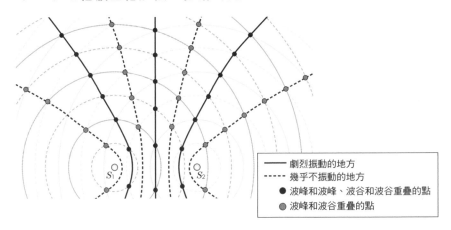

—— 劇烈振動的地方
------ 幾乎不振動的地方
● 波峰和波峰、波谷和波谷重疊的點
● 波峰和波谷重疊的點

 ## 楊 格 的 實 驗 證 明 了 光 的 波 動 性

　　楊格做的雙縫實驗，為光的波動性提供了決定性的證據。所謂的雙縫，指的是2個緊鄰的狹窄縫隙。這2個縫隙就相當於圖2中的波源S_1和S_2。

　　穿過這個雙縫的光會遵守惠更斯原理發生繞射和干涉，在布幕上映出明暗交錯的斑紋。

　　光的波長只有0.5μm，是非常短的波，要製造出可觀察的干涉條紋，狹縫的間隔必須非常接近。在現代因為可以使用雷射光，所以實驗起來相對容易些。

　　「繞射光柵（grating）」是一種以等間隔刻上數百條1mm寬細溝的透明板子。可以把這種板子想成是將楊格實驗中所用的雙縫無限增加後的版本。

　　繞射光柵可當成分光器使用，把光線依照波長分解。由於光柵的角解析度比稜鏡更好，因此成為現代分光學的主角。

> ## 這 種 時 候 派 得 上 用 場 ！

 ## CD、DVD的原理

CD和DVD的資料讀取巧妙地應用了光的干涉。這裡我們以音樂用的CD-DA（CD收錄音樂等音訊的規格）為例來說明。

放大CD的記錄面（銀色面），會發現如圖3一般的構造。在蒸鍍有鋁膜的平面（land）上，排有一列孤島狀的物體（pit）。這個列狀物叫做軌。光碟機會用雷射光沿著軌偵測有沒有pit。

實際上，pit在當作基板的塑膠上之高度只有光波長的 $\frac{1}{4}$ 高。因此，照射到pit的光往返一次的距離會比從land反射回來的光少 $\frac{1}{2}$ 波長（半波長）。

波的波長相差 $\frac{1}{2}$，就等於波峰和波谷反轉，於是pit的反射光與周圍land的反射光會因為干涉現象而抵消，使反射光減弱。而在沒有pit的地方，因為只有land的反射光，所以會維持原本的強度返回，如此一來即可藉由反射光的強度變化讀取出軌上有沒有pit。

〔圖3〕 CD的記錄面（放大）

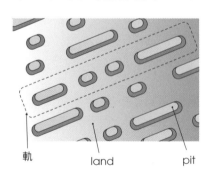

〔圖4〕 相差半波長時的情況

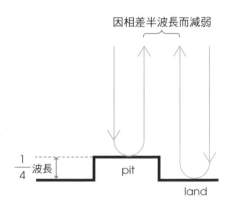

CD和DVD的記錄面
會反射出虹光的原因

你知道用光照射CD和DVD銀色的那一面，可以看見鮮豔的彩虹嗎？

這是因為記錄面的軌以規律的等間隔排列，具有跟繞射光柵相同的效果，所以會引起光的干涉，分解白色光。

比較CD和DVD的記錄面，DVD的彩虹紋路更大。這是由於DVD的記錄密度比較高，軌距更加狹窄，因此在照射光的波長相同的情況下，干涉的強化角度會更大。

而記錄密度比DVD更高的BD（藍光光碟：DVD的後繼產品）則看不到這種虹光。這是因為BD的軌距實在太過狹窄，以可見光的波長無法滿足干涉的條件。

CD和DVD上的細軌
具有繞射光柵的作用，
會引起光的干涉而能看見虹光。

所有事物
傳遞的原理

波之章

都卜勒效應

波的頻率會因運動而改變。
可用來測超速和宇宙膨脹

克里斯蒂安・都卜勒

發現的契機！

—— 今天的來賓是以「都卜勒效應」聞名的物理學家、數學家、天文學家
克里斯蒂安・都卜勒先生（1803～1853）。請問您是在什麼契機下發
現此效應的呢？

自古以來，人們就在經驗上知道「音源和或觀測者處於運動狀態時，
音高聽起來會跟原本的聲音不一樣」這種現象的存在。而我用波的傳
播方式詮釋了這種現象，並說明我們觀測到的雙星（聯星）顏色的變
化。

—— 這就是您在1842年發表的論文〈關於雙星及其他天體的顏色光〉對
吧。

因為光的顏色反映的是頻率，所以我就推測恆星顏色的差異會不會是
運動造成的。

—— 原來您一開始思考的不是音波，而是星光啊。順便問一下，恆星的顏
色是由表面溫度決定的對吧？

科學家們發現這點，已經是我死後很多年的事了……。不過從結果來
說，我原本的推論的確是錯誤的。

—— 但音波方面的考察卻是正確的，而且您也因此留名青史。

謝謝。都卜勒效應後來在1845年由荷蘭的白貝羅（1817～1890）用
實驗證明。這是我的理論首次發表的3年後。真得好好感謝他才行。

▶ 因為音源或觀測者的運動，使得實際聽到的聲音頻率（音高）跟音源發出的原始音頻產生出入的現象，稱為「都卜勒效應」。

▶ 當音源朝觀測者接近時，聲音聽起來會比原本更高，遠離時則會感覺比原本更低。

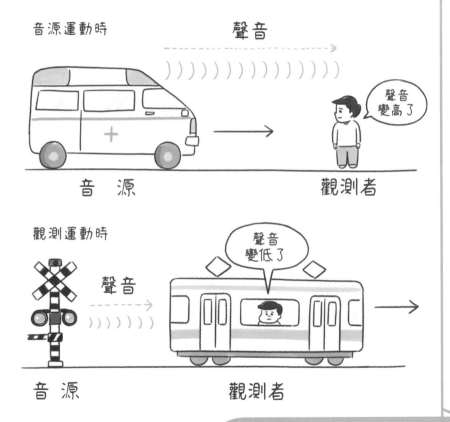

音源運動時　　　　聲音

聲音變高了

音　源　　　　　　觀測者

觀測運動時

聲音變低了

聲音

音　源　　　　觀測者

> 音源和觀測者在靠近時，聲音聽起來會比原始聲音高，互相遠離時聽起來會比原始聲音低。

推導都卜勒效應的公式

　　我們身邊最常見的都卜勒效應之一，就是救護車通過時的鳴笛聲，以及電車從平交道呼嘯而過時的警鳴聲變化。兩者在音源朝觀測者靠近時聲音聽起來都會比原始聲音高，遠離時聽起來會比原始聲音低。這是為什麼呢？

　　假設直線上的音源S以速度u_s，觀測者○以速度u_o運動，音源發出的音波頻率為f_s，觀測者聽到的聲音頻率為f_o，則四者的關係可用以下數學式表示。若$f_o > f_s$，聲音聽起來會比原始聲音高。

$$f_o = \frac{v - u_o}{v - u_s} \cdot f_s \quad \cdots\cdots ①$$

　　接著，讓我們用「波的波長和頻率」提到的波的基本式$v = f\lambda$來思考（第163頁）。雖然肉眼看不見聲音，但假如人眼看得見音波的波面，就會看到一個個波面等間隔地以音速v向我們飛來。不過因為v是相對於介質（空氣）的速度，所以這邊先假設處於完全無風的環境。

　　從以速度u_s移動的音源S的角度來看，音波移動的速度是音速減去音源本身速度的相對速度$v - u_s$。另一方面，在以速度u_o前進的觀測者○眼中，音波會以相對速度$v - u_o$朝自己靠近（這叫相對音速）。

　　聲音的高低對應的是頻率大小。假設音源發出的音波頻率為f_s，觀測者聽到的聲音頻率為f_o，根據波的基本式$v = f\lambda$，雙方看到的波長（波面間隔）分別是音源為$\lambda = \dfrac{v - u_s}{f_s}$，觀測者則為$\lambda = \dfrac{v - u_o}{f_o}$。式中的$v$要代入相對音速。

　　然而，因為λ指的皆是同一音源的波長，所以無論觀測者是誰，即便對於運動中的觀測者來說也應該是同樣的，故兩式可視為相等，也就是$\lambda = \dfrac{v - u_s}{f_s} = \dfrac{v - u_o}{f_o}$。將此式稍作整理就能得到式①。

　　接著，把式①變形成$\dfrac{f_o}{f_s} = \dfrac{v - u_o}{v - u_s}$，就會得到「朝不同方向運動的○和S各自聽到的聲音頻率比，與兩者感受到的相對音速比相等」的結論。把頻率理解成「每秒鐘發出／收到的以等間隔排列的波面數量」可能會更好想像。

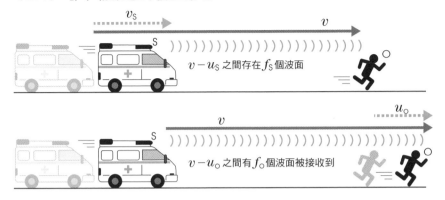

$v - u_S$ 之間存在 f_S 個波面

$v - u_O$ 之間有 f_O 個波面被接收到

圖2是將向右移動的波源以固定週期放出的圓形波用水波投影器視覺化後的圖。由於波源會追著自己發出的波跑,因此波源前進方向上的波(右側)波長會變短,位於後方(左側)的波會變長。而音波也有相同的現象,大家可以想像一下。

〔圖2〕 用水波投影器將都卜勒效應視覺化⋯⋯

波源向右移動時,前方的波會變擠,後方的波的波長則會拉伸。

後方
(波長較長)

波源前進方向
(波長較短)

⬤ 白貝羅的實驗

荷蘭的化學家、氣象學家白貝羅在1845年於荷蘭的烏特勒支做了一個實驗來驗證都卜勒效應。他讓一位小號樂手坐在一輛沒有屋頂的蒸汽火車上,請他不斷演奏同一個音高的音,然後讓火車以各種速度試跑。另一邊,位於鐵軌旁的觀測點上則坐了數名擁有絕對音感的音樂家。白貝羅請他們聆

聽火車靠近和遠離時小號聲的音高並記錄下來。白貝羅做這個實驗的時候，頻率檢測器還未發明，而且火車也才剛剛開通，是當時速度最快的交通工具。

這種時候派得上用場！

取締汽車超速

　　都卜勒效應被應用在測量棒球球速的「測速槍」，以及用來取締汽車超速的測速器上。兩者的原理相同，都是藉由向物體發射電波（微波）脈衝，測量因都卜勒效應而改變的反射波頻率以計算對象物的速度。

　　氣象用的雷達也應用了這項技術，只不過氣象雷達量測的對象是空中落下的雨滴。被風吹動的雨滴會反射微波，藉此雷達就能測定出向雷達靠近和遠離的風的成分。這項技術可以用來偵測大氣的強烈迴旋，有助於預測龍捲風等。

〔圖3〕 偵測超速的測速裝置

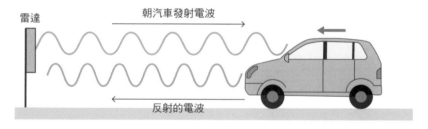

雷達　　　朝汽車發射電波

反射的電波

雷達發射的電波被移動中的車輛反射回來時，會受都卜勒效應影響而使波長縮短。如此即可從頻率的變化算出汽車的速度。

軼 事

宇宙的膨脹和系外行星的存在 也是利用都卜勒效應發現的

1912年，美國天文學家斯里弗發現遠方銀河的吸收光譜（夫朗和斐線，第201頁）比原本的位置往紅光的方向偏移了一點。換言之，就是頻率降低了一些。

這個現象叫做「紅移」，代表銀河系正在遠離地球。1929年美國天文學家哈勃找出了地球與銀河的距離和利用紅移現象算出的遠離速度之間的比例關係，導引出「宇宙膨脹」和「大霹靂」這2個重要理論的誕生。

2019年，瑞士麥耶與奎洛茲等人因發現了第一個太陽系外行星而得到諾貝爾物理學獎。他們利用一種名叫「徑向速度法」的方法，找出繞著飛馬座51星運轉、肉眼看不見的行星。

這個方法的原理就是「利用精密的光的都卜勒效應，檢測恆星被行星質量牽引而產生的微小週期性擺盪」。

這個構想跟都卜勒當初研究雙星（聯星）時用的概念是一樣的。多虧了觀測技術的進步，才使得都卜勒當年的構想得以實現。

光的都卜勒效應帶來的觀測結果，大大改變了我們的宇宙觀。相信都卜勒本人也會對此感到非常高興吧。

流體之章

氣 體 和 液 體 是 怎 麼 運 動 的 ？

氣體和液體是怎麼運動的？

阿基米德原理

物體在液體中浮起的原理。
也是水尺檢測和潛水艇的根本原理

阿基米德

發現的契機！

—— 「阿基米德原理」是由古希臘科學家阿基米德先生發現的。阿基米德先生出生在西西里島上的古希臘城邦敘拉古，並曾到埃及的亞歷山卓求學。後來他回到敘拉古，在那裡研究了數學、物理學、工程學等，留下許多不同領域的成就。阿基米德先生，不好意思，我想請教一下……。

（正在地上畫著某種圖形。）

—— 呃……這項發現又被稱為「浮力原理」。那個，不好意思，方便打擾一下嗎……。

……啊，什麼嘛，原來是你啊。你的影子太礙事了，害我差點就要罵人了呢。你說你想知道黃金王冠的故事是吧？

—— 是的。傳聞您是在測量黃金王冠的時候發現浮力的基本原理……。

後來這個原理被叫做「阿基米德原理」是吧。說起那件事啊，最早是當時的敘拉古國王希倫二世來拜託我幫他一個忙。

—— 他請您檢驗看看王冠是不是真的用純金打造的對吧。

啊啊，後來我在大眾浴場泡澡時看到水從澡盆滿出來，便想到了那個方法。於是連衣服都沒穿就一邊大喊著「Eureka！（我發現了！）」一邊跑回家去了！

—— （還真的是一做研究就忘我的人呢。）

▶ 物體的一部分或全部浸泡在流體（液體或氣體）中時，會受到與該物體排擠掉的流體重量相等的向上力。

▶ 這種力叫做浮力，可用以下數學式表示。

$$F = pVg$$

> F 是浮力，ρ 是流體密度，
> V 是物體泡在流體中的體積，
> g 是重力加速度。

ρV 等於流體密度 × 體積，因此就是流體的質量，所以 ρVg 就是流體的重量。

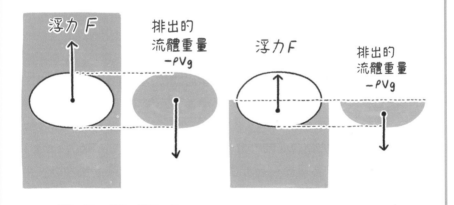

我們的身體也會排擠掉空氣，
因此平時也承受著與身體同體積的
空氣重量相等的浮力。

物體承受的浮力與物體排出的
流體重量相等。

排出的液體重量與浮力的關係

　　阿基米德在著作《浮體論》中，提到了流體中的物體所受的力，這就是後來被稱為「阿基米德原理」的基本概念。讓我們用簡單化的模型來思考吧。

　　準備3個體積皆為100cm³，但密度各異的立方體A、B、C（A的密度為2g/cm³、B為1g/cm³、C為0.5g/cm³）。然後比較三者完全沉入水中的情況。假設水的密度為1g/cm³。

〔圖1〕 體積相同密度不同的立方體

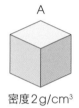

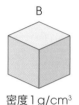

A　　　　　　　　B　　　　　　　　C

密度2g/cm³　　　密度1g/cm³　　　密度0.5g/cm³

　　此時立方體受到的浮力，等於立方體排出的流體（此例中為水）重量，也就是100gw的向上力（雖然國際單位制的重量單位是N〈牛頓〉，但這裡為方便直接用gw〈公克重〉表示）。

　　此外，由於立方體會受到重力作用，所以還有一個向下的力（重量）。立方體A、B、C的重量分別是200gw、100gw、50gw。換言之，完全沉入水中的立方體會同時受到浮力和重力2個相反方向的力作用。

　　由於立方體A所受的向上力為100gw，向下力是200gw，整體的合力為向下100gw的力，因此立方體會下沉到水底（圖2－a）。

　　而立方體B所受的向上力為100gw，向下力也是100gw，相加之後等於零，因此立方體不會下沉也不會上浮，會懸浮在原本的位置（圖2－b）。

　　同理立方體C整體受到的合力為向上50gw的力，所以會往上浮（圖2－c）。

　　這裡我們不考慮黏性和摩擦導致的能量耗損，因此這個立方體會以加速度上升，最終到達水面，然後持續上下晃動。注意不要以為達到力平衡就代

〔圖2〕 完全沉入水中的立方體所受的浮力

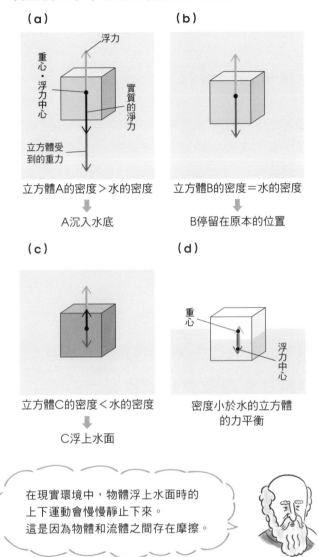

(a)

浮力

重心・浮力中心

實質的淨力

立方體受到的重力

立方體A的密度＞水的密度

⬇

A沉入水底

(b)

立方體B的密度＝水的密度

⬇

B停留在原本的位置

(c)

立方體C的密度＜水的密度

⬇

C浮上水面

(d)

重心

浮力中心

密度小於水的立方體
的力平衡

在現實環境中，物體浮上水面時的
上下運動會慢慢靜止下來。
這是因為物體和流體之間存在摩擦。

表立方體會浮在水面上靜止不動。立方體C以此狀態浮在水上時，會受到
被其（泡在水下的部分）排掉的體積50 cm³的水的浮力，此浮力大小等於立
方體C的重量50 gw（圖2－d）。

這種時候派得上用場！

製作密度和比重的測定器

阿基米德原理的應用實例，包含密度和比重的測量器具。其原理是把固體試料吊在空氣中和已知密度的液體中測量重量，然後根據浮力計算密度和比重。或是在液體試料中沉入已知體積的重物，從物體承受的浮力計算液體的密度。

例如，有個在空氣中重量為5g的固體。將此固體放在密度1g/cm^3、4℃的水中測重，結果為4g。此時，

$$\frac{空氣中的重量}{空氣中的重量－水中的重量} = \frac{5}{5-4} = 5$$

可算出固體的比重為5。

所謂的比重指的是該物體與水在4℃時的密度（1g/cm^3）比，並不是一個單位。由於實際上只是除以1而已，因此數值跟密度是完全一樣的。

用來設計船的負載和潛水艇，在海洋也大活躍！

阿基米德原理也可以用來測量船的載重量。這種方法叫「水尺檢測」，原理是分別測量船在完全不載貨和載了貨時的吃水量差距，此時吃水線的下降部分（減少的浮力部分）就等於載重量。

日本具代表性的載人潛水研究船「深海6500號」也應用了阿基米德原理。這艘船以用合成樹脂固定之填滿空氣的小玻璃球當成浮力材，並用鐵製壓艙物和可裝入海水的水槽來調節浮力，藉此進行下潛和上浮。

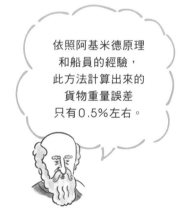

依照阿基米德原理和船員的經驗，此方法計算出來的貨物重量誤差只有0.5%左右。

真正運用阿基米德原理的方法

敘拉古國王希倫二世有次聽到一個傳聞，說負責鑄造王冠的金匠在純金王冠中混入銀。於是希倫二世找來阿基米德，請他想一個不破壞王冠也能檢驗真偽的方法。

於是阿基米德找來跟王冠重量相等的金和銀，然後把銀放入裝滿水的大花瓶內，測量被銀塊排出的水重。接著他又對金塊和王冠做了相同的測量，計算出王冠中的金銀成分比。

然而，有人認為這個方法實際上很難檢驗出王冠的真偽。因為黃金是一種可以展延到很薄很細的金屬。與現存的同種類王冠外觀大小相比，實際用到的黃金量應該很少。

姑且不論這個傳說是真是假，但如果阿基米德的洞察力夠敏銳，並且正確理解這個原理的意義的話，就不會去測量水的重量，而會發現還有另一個更精準的方法可以正確判斷「王冠是否為純金打造」。

這個方法就是把王冠和同重量的純金吊在天秤兩端，然後一起沉入水中。假如天秤沉入水中後依然是平衡的，代表兩者的體積也相等，證明王冠是純金打造的。倘若王冠混入了密度比黃金小的銀，它的體積就會比純金大，在水中受到的浮力也更大，使天秤發生傾斜。

〔圖3〕 沉入水中的天秤

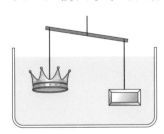

氣體和液體是
怎麼運動的？

帕斯卡原理

布萊茲・帕斯卡

對氣體和液體施加壓力會發生什麼事？
從牙膏到汽車的剎車

發現的契機！

—— 「帕斯卡原理」是法國的布萊茲・帕斯卡先生（1623～1662）發現
的。

 大家一定很想知道我是如何發現「帕斯卡原理」的，今天就分享一下
吧。古希臘時代的大哲學家亞里斯多德曾說過「自然厭惡真空」這句
話，大家知道嗎？

—— 亞里斯多德認為天體是由「乙太」這種物質構成的。這個概念在思考
真空的時候，引起了很大的問題呢（第157頁）。

 我對科學最感興趣的其中一個主題，就是「真空是否存在」這件事。
我在證明真空存在的過程中發現，周圍的空氣——也就是大氣其實是
存在重量的。經由這項發現，我開始研究力在大氣和水等具有流動性
的物質，也就是流體中的傳遞機制。

—— 原來如此。所以您是累積大量樸實的實驗和縝密的考察後，才發現這
個原理的啊。話說回來，帕斯卡先生曾說過一句很有名的話：「人就
是會思考的蘆葦」對吧。

 是的。跟宇宙的浩瀚和悠久歲月相比，你不覺得我們人類實在非常渺
小嗎？但透過「思考」的行為，我們卻能成為連這個浩瀚宇宙都能容
納的存在。

▸ 密閉流體上任意一點的壓力變化，會分毫不減地傳遞至流體中的所有點。這就是帕斯卡原理，可以用以下數學式表達。

$$P = \frac{F_n}{A_n}$$

P是壓力變化，F_n是此壓力變化對流體任意面的作用力，A_n是該面的面積。

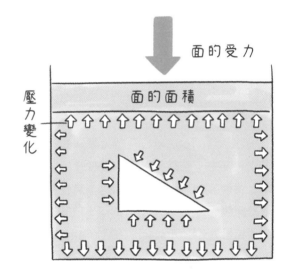

面的受力

面的面積

壓力變化

壓力是垂直於面的推力。流體所受的壓力（箭號）無論在哪個點都一樣大。

裝在密閉容器中的流體所受的壓力，在所有地方都一樣大。

壓力的單位〔Pa〕正是源自帕斯卡的名字

帕斯卡發現，對靜止狀態的流體（氣體和液體的總稱）施加壓力，這股力在流體中任一點上的強度都相同，而且會朝所有方向作用。

〔圖1〕 對流體施加壓力後……

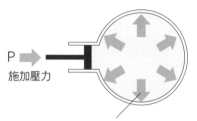

P 施加壓力

壓力在任一點的強度都相同，且會朝所有方向作用

以牙膏為例。無論手指壓在牙膏包裝的哪個部位，往哪個方向擠壓，牙膏都會從開口擠出來。

帕斯卡原理最早被記述在1663年出版的《論液體的平衡和空氣的重力》一書中。本書的問世奠定了流體靜力學（流體力學的一個分支，研究靜止的流體）這門學問的綱要。而帕斯卡也因為這項偉大成就在科學史上留名。

帕斯卡過世約300年後，在1971年舉行的第14屆國際度量衡總會上，科學家們決定將壓力單位訂為〔Pa〕以紀念帕斯卡。$1m^2$面積受到1N的力（使1kg質量的物體產生$1m/s^2$加速度的力）作用時的壓力就是1Pa。

帕斯卡原理告訴我們，「對密閉容器內的流體局部施加的壓力，可完整地傳至整個流體而不會減弱」。

那麼，這股壓力的傳播需要多少時間呢？

壓力的傳播速度等於音速。聲音在不同流體內的音速都不一樣，例如水中的音速約為1500m/s，跑得非常快。所以在我們可觀測到帕斯卡原理的範圍內，基本上可以把壓力當成是瞬間傳遞的。

流 體 壓 力 的 傳 導 原 理

接著，讓我們更詳細檢視一下帕斯卡原理中「壓力會以相同大小傳播」這句話的意思。

下方圖2是內部裝滿非壓縮性（即使施壓也不會被壓縮的性質）液體，開口處裝有活塞的2個由長管相連的汽缸。兩汽缸開口的截面積分別是1m²和5m²。

壓力是單位面積所受的垂直作用力，因此用1N的力推動截面積1m²的汽缸活塞，內部液體所受的壓力剛好等於1Pa。

由於2個汽缸所受的壓力相等（帕斯卡原理），所以照理說截面積5m²的汽缸內部壓力應該也是1Pa。由此可知，此時該汽缸活塞所受的作用力會變成5N。

換句話說，當汽缸活塞的截面積比是1：5時，對小活塞施加的推力，可用5倍的力量作用在大活塞上。

〔圖2〕 使用截面積為1：5的汽缸，力量會增幅嗎？

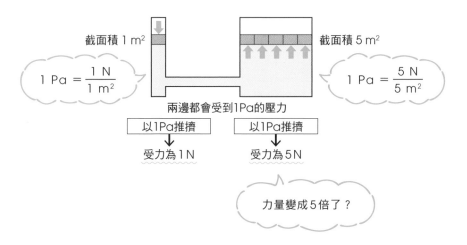

這簡直就像是憑空把力量變成5倍的魔法機關。只看到這裡，你可能會感到很不可思議，暗自懷疑「真的有這種事嗎？」。

接著，讓我們來看一下推動活塞時移動的液體體積吧。

事實上，2個活塞移動的液體體積是一樣的。

例如把截面積1m^{2}的活塞往下壓1m，會有1m^{2}的液體發生移動。

那麼此時截面積5m^{2}的活塞也會同樣被往上推1m嗎？

答案是「不會」。

此時在截面積5m^{2}的活塞處，液體的移動距離只有 $\frac{1}{5}$ ，換言之只會上升0.2m。

也就是說，截面積小的活塞雖然推起來比較省力，但要推動比較長的距離才能使截面積大的活塞發生移動。因此，2個活塞的做功量是相等的，並沒有憑空多出5倍的力。

〔圖3〕 比較移動的液體量……

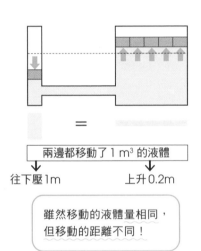

兩邊都移動了 1 m^3 的液體

往下壓1m　　　上升0.2m

雖然移動的液體量相同，
但移動的距離不同！

雖然乍看之下似乎是能輕鬆舉起原本舉不起來的重物的魔法裝置，但要獲得更大的力，就必須用較小的力移動更長的距離。

最適合用來做汽車剎車

幾乎所有的汽車都有裝備了油壓剎車系統。油壓剎車系統的原理是「藉由踩下剎車板，對裝置在踏板下裝滿剎車油的活塞施加壓力」，背後利用的正是帕斯卡原理。

為了讓輪胎停止，連接輪胎這一側的活塞遠比踏板側的活塞大得多。如此一來駕駛只需小力踩下踏板，就能產生足以讓高速行駛的汽車停止的巨大力量。

另外，當輪胎被剎住時，要是每個輪胎受力的大小和時機不一致，車體就會不穩定地晃動，非常危險。而根據帕斯卡原理，我們知道「流體所受的壓力會以相同大小瞬間傳播到所有地方」，這項性質與剎車系統簡直是天造地設。

〔圖4〕 **剎車系統的原理**

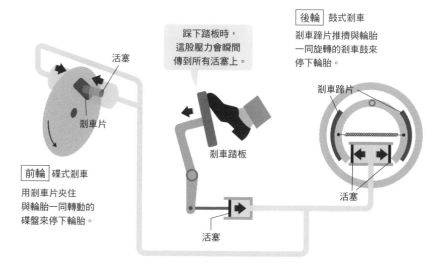

踩下踏板時，這股壓力會瞬間傳到所有活塞上。

活塞

剎車片

後輪 鼓式剎車
剎車蹄片推擠與輪胎一同旋轉的剎車鼓來停下輪胎。

剎車蹄片

剎車踏板

活塞

前輪 碟式剎車
用剎車片夾住與輪胎一同轉動的碟盤來停下輪胎。

活塞

也能用來製作模仿人類手的「機器手」

模仿人類的手，可以抓取或夾起物體的機械叫做「機器手」。雖然平常不太容易看到，但這種機械其實也是應用帕斯卡原理。

由柔軟素材製造的機器手，可以藉由調節內部的空氣量來開合手指，調節細微的力道。

機器手的形狀五花八門，由於可用恰到好處的力道夾起脆弱的物體而不造成損壞，因此主要被用在食品工廠。

除此之外也有人開發出利用油壓，專門在災害現場進行粗重作業的機器手。可進出崩塌的土石或倒塌的建築物現場，兼具小體積、高出力，且動作靈巧的機器手，對自然災害頻仍的日本是非常值得依賴的技術。

〔圖5〕 用於各種用途的機器手

包子

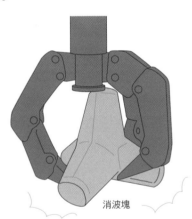

消波塊

軼事

早熟的天才和熱愛教育的父親

年僅39歲便過世的帕斯卡是一位早熟的天才。他在物理學以外的領域也留下很多成就。儘管時間不長，但他在職業生涯早期主要研究數學和物理學，晚期則將自己獻給神學和哲學。

這樣的背景與帕斯卡熱中教育的稅務官父親有很大的關係。帕斯卡從小便受很好的教育，兼具許多不同領域的知識；但為了避免妨礙他在語言方面的學習，帕斯卡的父親在15歲以前都刻意不讓他接近數學。據說他的父親為此把家裡所有的數學書都藏起了起來。考慮到他在物理學和數學領域上的豐功偉業，這不禁令人感到有些意外。

然而帕斯卡在12歲時便開始自學幾何學，更憑自己的力量發現了三角形內角和等於180°（圖6）。因為這件事，他的父親才終於同意讓他學習數學。

〔圖6〕 三角形的內角和

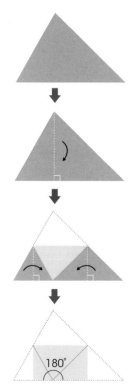

氣體和液體是
怎麼運動的？

流體之章

白努利定律

丹尼爾・白努利

被應用在飛機設計上，
流體的能量守恆定律

發現的契機！

—— 「白努利定律」是由數學家兼物理學家、植物學家及醫學家的丹尼
　　爾・白努利先生（1700 ～ 1782）先生發現的。

 你好，我是丹尼爾・白努利。

—— 聽聞您原本主修的並非數學和物理學，能請您分享一下發現這項定理
　　的經過嗎？

 最初的契機，是我20歲在研究所學習醫學的時候，聽家父提到他自
　　己想出來的「能量守恆」概念。

—— 原來您原本是學醫的啊。但我聽說白努利家是很有名的數學家家族，
　　令尊約翰先生也是一位數學家。

 我以家父的構想為基礎，寫了一篇有關呼吸原理的博士論文。但之後
　　我的研究重心轉移到數學和物理學，於是便發現了白努利定律。

—— 令尊對這項大發現應該感到很高興吧？

 不，這件事反而令家父相當不滿……。

—— 沒想到這個大發現的背後還有這樣的煩惱。

 對了對了，白努利定律其實又被叫做「流體的能量守恆定律」喔。

—— 所以是多虧了從令尊那裡來的知識，您才能發現這項定律的對吧。

- ▶ 流體的速度 v 和壓力 p、位能 h 的增減變化會互相彌補。
- ▶ 流體內的能量總和，在流線上總是守恆。這就叫白努利定律。
- ▶ 白努利定律只適用在非黏性（運動時不會遇到抵抗的性質）、非壓縮性（施力也不會收縮的性質），且朝固定方向以等速流動的流體上。

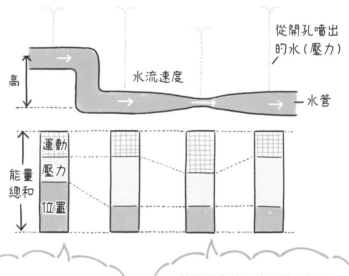

從開孔噴出的水（壓力）

水流速度

水管

高

能量總和

運動
壓力
位置

> 管線的高度降低時，位能的減幅等於壓力的增幅。

> 管線變窄時，為了讓同等的水量通過，故流速會增加，而壓力則會相應地降低。

※所謂非黏性、非壓縮性的流體，就是像通常狀態的水和空氣等。

水流所有位置的動能、位能、壓力的能量總和永遠不變。

流體內的能量移動

　　「非黏性、非壓縮性的流體內的能量總和，在流線上永遠守恆」，這個定律又叫「流體的能量守恆定律」。

　　所謂的非黏性指的是流體運動時不會產生阻力的性質，非壓縮性則是施力時不會收縮的性質。所謂的流線，是表示流體某時間點的流動情形之曲線，是在流體上取數個具有速度向量的點，然後將這些點相連畫出的線（圖1）。圖2是白努利定律的說明圖。

〔圖1〕　流線　　　　　　　　〔圖2〕　白努利定律（圖解）

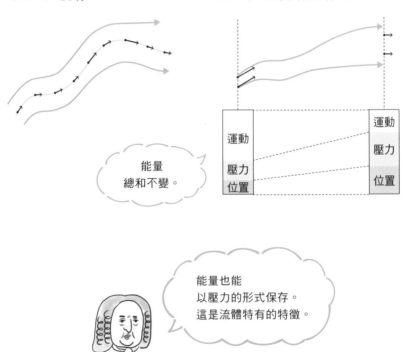

能量
總和不變。

能量也能
以壓力的形式保存。
這是流體特有的特徵。

白努利定律誕生於
與數學家歐拉一同度過的親密時代

白努利定律最早發表在1738出版的《流體力學》一書中。然而,這份原稿實際上是白努利在聖彼得堡的俄羅斯科學院做研究時寫下的。

剛來到聖彼得堡時,白努利因為兄長過世和嚴酷的氣候而鬱鬱寡歡。因此,身為數學家的父親約翰便讓後來成為偉大數學家的愛徒李昂哈德‧歐拉前去陪伴白努利。白努利和歐拉在1727年至1733年間一起在聖彼得堡做研究。而這段時期據說也是作為科學家的白努利最具創造力的時期。

流體的非壓縮性

白努利發現白努利定律時,是用液體進行實驗。但後來發現氣體在一定程度上也遵循這項規律,所以才有了白努利定律。但在此之前必須先認識流體的非壓縮性這項性質。

直覺上,氣體的可壓縮性似乎比液體更高。例如在汽缸內裝滿空氣後推動活塞,空氣的體積會變小。事實上,大氣的壓縮率的確非常高,是大多數液體的1萬倍左右。

然而,想像一下在戶外吹的風與電風扇的風。和緩流動狀態的空氣並不會被壓縮,密度幾乎保持恆定,只是連續地移動而已。在此條件下的氣體,可以假定為非壓縮性的流體。

至於什麼情況會破壞這項條件,舉例而言,就像流動的速度接近音速的時候。正常情況下,當流體的速度超過以該流體為介質之音速的30%(馬赫數0.3)以上時,就算是壓縮性流體,而在此條件下的流體不適用白努利定律。

草原犬鼠的巢

　　生活在北美大草原上的草原犬鼠，在築巢時也會運用到白努利定律。牠們會在地下挖出錯縱複雜的巢穴，並設置很多個出入口。但草原犬鼠究竟如何保持巢穴內的空氣流通，卻始終是個謎。

　　直到後來科學家終於找出了草原犬鼠巢穴的換氣原理。原來草原犬鼠會把一個出入口堆高，另一個出入口則壓低。如此一來，當風吹過草原的時候，由於高處開口的風速會比低處開口大，依照白努利定律，氣壓也會比較低。因此空氣會從低處開口進入地洞內往高處開口流動。

〔圖3〕 草原犬鼠巢穴的換氣系統

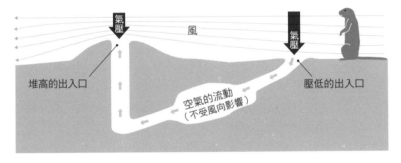

1. 一邊開口被堆高，上面的風速會增加，使氣壓降低。
2. 高處開口與低處開口的氣壓差會使空氣流入巢穴，幫助換氣。
3. 不受風向影響，只要有風吹過，高處開口的氣壓就會降低，因此巢內的氣流方向總是固定的。

懂得利用氣壓差
通風的草原犬鼠
也不是泛泛之輩。

用於計算飛機的升力、製作速度計

　　白努利定律與「流體速度」、「壓力」、「位能」有關。而我們生活中與這三者最脫不了關係的事物，應該就是飛機了。

　　計算飛機的升力就會用到白努利定律。所謂的升力是**物體在流體中前進時，與行進方向垂直的受力**。以飛機而言，就是將飛機機體往上推的向上作用力。

　　只要正確測量機翼上面和下面的空氣流速分布，就能用白努利定律算出機翼上下面所承受的壓力，並根據差值計算出精確的升力。

　　另外，飛機和F1賽車使用的皮托管，也是一種應用白努利定律的速度計。皮托管是一種在行進方向的正面和側面開有小孔的管子，可以用來測量壓力。

　　當空氣從正面流過來時，氣流會被擋下，使速度降為零，因此氣流的壓力會相應增加。另一方面，側面的空氣速度和壓力都不會改變。只要計算兩者的壓力差，即可算出飛機的速度。

〔圖4〕 皮托管的原理

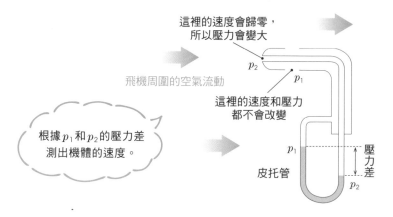

這裡的速度會歸零，所以壓力會變大

p_2

p_1

飛機周圍的空氣流動

這裡的速度和壓力都不會改變

根據 p_1 和 p_2 的壓力差測出機體的速度。

p_1

壓力差

皮托管

p_2

氣體和液體是
怎麼運動的？

尼古拉・儒可夫斯基

庫塔－儒可夫斯基定理

為什麼飛機會飛？為什麼能投出曲球？
表達物體升力的定理

發 現 的 契 機 ！

—— 「庫塔－儒可夫斯基定理」是一個有關在均質流體中物體所受之升
力的定理。此定理是由德國的馬丁・庫塔先生（1867～1944）和俄國
的尼古拉・儒可夫斯基先生（1847～1921）分別同時發現的。

 我是儒可夫斯基。今天由我代表出席。這項定理是分析飛機飛行原理
時非常重要的理論。

—— 請問您是如何發現的呢？

 我對於比空氣重的機器能在空中飛行這件事深感興趣。於是在1895
年前往柏林，觀看了航空力學先驅奧托・李林塔爾先生的滑翔機飛
行實驗。

—— 聽說您還購買了李林塔爾先生對外販售的8架滑翔機的其中1架？

 是的。因為我覺得實驗和觀察對於理論性的研究也十分重要。我在
1906年將這項研究的成果分為2篇論文出版，並在其中導出了飛機
機翼的升力公式。

—— 同一個方程式也在庫塔先生1902年的教授資格論文中出現過。因此
這項發現後來被世人稱為「庫塔－儒可夫斯基定理」。另外，萊特兄
弟也於1903年成功完成世上第一次載人動力飛行。就這樣，人類對
天空的嚮往終於成為了現實！

▸ 流體（氣體和液體）中的物體所受之垂直於流動方向的向上力稱為升力。

▸ 升力是由流體密度和流體速度（流速）以及物體周圍的環量相乘而得。這就是庫塔－儒可夫斯基定理。

▸ 庫塔－儒可夫斯基定理只在流體為非黏性（運動時不會產生阻力）時才成立。

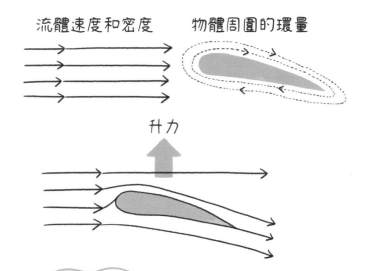

流體速度和密度　　物體周圍的環量

升力

流體中作用的升力會隨著流體密度、流動速度以及物體周圍的環量增加而變大。

要產生升力，機翼上方的流速必須比下方的流速更快。如此一來才能產生環量。

飛行技術研究的瓶頸

　　庫塔和儒可夫斯基在各自的論文中表示「在運動時不會產生阻力的非黏性且均質的流體中，放入斷面為特定形狀的物體，該物體將在流體中獲得升力」。所謂的升力是物體在流體中受到的垂直於流動方向的向上力，當移動的是物體而非流體時也會同樣產生升力。

　　19世紀後半到庫塔－儒可夫斯基定理被發現的20世紀初，人類研發出類似現代飛機的飛行結構，是最嚮往在天空飛行的時代。當時飛行技術的主流研究方法，是利用模型等在實驗中實際測量機翼所受的作用力。另一方面，理論性的研究則遇到巨大瓶頸，幾乎沒有進展。

　　而突破了這個瓶頸的，就是庫塔－儒可夫斯基定理。這個定理的偉大之處，在於運用了環量的概念來解釋升力。這裡說的環量是流體力學的術語，以下讓我們用圖來解說。

　　過去理論計算出來的機翼周圍的氣流是像圖1那樣。然而，實際在實驗中測到的機翼周圍的氣流卻是圖2那樣。

〔圖1〕 理論上機翼周圍的氣流

流速 U

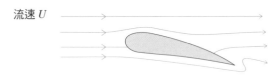

〔圖2〕 實驗中測到的機翼周圍的氣流

流速 U

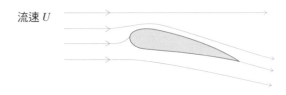

庫塔和儒可夫斯基發現環量可產生升力

要讓理論計算出來的氣流（圖1）符合真實的氣流（圖2），氣流就必須像圖3那樣繞著機翼周圍旋轉。

而庫塔和儒可夫斯基注意到，構成這個流動成分的就是「環量」。在機翼的上方，由於理論算出的氣流和繞著機翼循環的環量方向一致，所以兩者相加，氣流速度會變快。相反地機翼下方的氣流和環量方向相反，所以速度會變慢。

根據白努利定律（第230頁），流速快的機翼上方壓力會變小，而流速慢的機翼下方壓力會變大。這個壓力差就形成了往上的升力（圖4）。

由於環量作用所導致的機翼周圍流體的流速與壓力之關係，補完了白努利定律的空白。換句話說，白努利定律雖然可以根據機翼周圍的速度算出升力，卻無法解釋為何機翼會擁有升力。而庫塔和儒可夫斯基發現的機翼周圍的環量解釋了這件事。

〔圖3〕 繞著機翼轉動的氣流（環量）

將實際機翼周圍的氣流減去理論的氣流後……我發現了環量的存在。

〔圖4〕 升力產生的原理

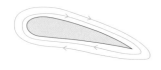

機翼上方的流速變大，壓力變小

機翼上下的壓力差＝升力

流速 U

機翼下方的流速變小，壓力變大

加入環量的要素後，就能解釋實際飛行時機翼周圍的氣流變化了！

這種時候派得上用場！

計算飛機機翼的升力、球類運動的變化球以及設計環境友善的船舶

一如前面的說明，由於庫塔－儒可夫斯基定理的發現，人們終於能在理論上解釋機翼的升力。

前面說過，這項定理描述的是具有特定斷面的柱狀或板狀物體在均質流體中的升力，但其實球狀物體也適用此定理。

在棒球和足球等球類競技中，都存在曲球這種技巧。而球的軌跡之所以能在空中彎曲，就是因為球在旋轉時產生了環量，而環量產生了升力。

另外，在1924年德國航空工程師弗萊特納發明了一種利用旋轉的巨大滾筒和海風來航行的船。儘管這項技術在問世後曾消失了很長一段時間，但因優秀的能量轉換效率在1980年代之後重新受到重視，被當成一種環保技術而重新開始研究。

〔圖5〕 **棒球的曲球變化原理**（俯瞰視角）

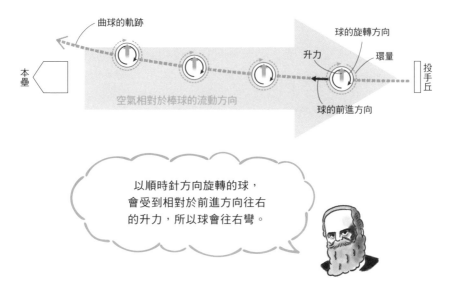

以順時針方向旋轉的球，會受到相對於前進方向往右的升力，所以球會往右彎。

軼事

 連結兩人的奧托‧李林塔爾

　　馬丁‧庫塔和尼古拉‧儒可夫斯基兩人雖然是各憑己力發現了這項定理，但兩人其實都受到了同一位人物的影響。

　　這個人就是德國的奧托‧李林塔爾。

　　李林塔爾實際製作出由號稱「航空力學之父」的英國工程學家喬治‧凱利發想的滑翔機，並成功進行了數次飛行實驗。他的實驗被各國報導，實驗時的照片也被刊登出來，勾起了科學界對載人飛行機的興趣。

　　一如前述，儒可夫斯基曾經實際拜訪並觀看李林塔爾的實驗，還買了一架滑翔機。另一方面，據說庫塔也是在看到李林塔爾的飛行照片後萌生興趣，才選擇以機翼理論作為取得大學教授資格的論文題目。

　　在1896年的飛行實驗中，李林塔爾的滑翔機失去控制，從15m的高度墜落。

　　李林塔爾因頸椎損傷而陷入昏迷，在用盡各種手段搶救之後，於事故發生的36個小時後去世。

氣體和液體是
怎麼運動的？

流體之章

雷諾相似準則

應用於航空器的機體設計、船的螺旋
槳以及火星探測任務

奧斯鮑恩・雷諾

發現的契機！

—— 「雷諾相似準則」是由英國的奧斯鮑恩・雷諾先生（1842～1912）
發現的。

今天想向大家展示一下我在1883年所做的管道流動實驗。相信一定
能幫助各位理解這項法則。

—— 謝謝。（抬頭看看實驗裝置）好大的裝置呢。

（一邊動手）在準備好之前，先來聊聊我開始這項研究的契機吧。我
父親是英國國教會的神父，他不僅很擅長數學，還申請了好幾項農業
機具的改良專利。在家父的影響下，我也在不知不覺間愛上了機械。

—— 那您是為何會進入流體力學的領域呢？

在進大學就讀前，我曾在某個知名造船技師的工廠當過1年的學徒，
接觸過沿海輪船的製造和整修。於是我便萌生了研究改善船的安全性
和流體動力學的念頭。

—— 因為輪船的船體很大，要用「實物」進行安全性試驗很困難呢。

是啊。所以，我便想有沒有什麼方法能用小型化的模型來精確模擬真
實船隻會遇到的情況，結果就發現了相似準則。這個法則對於造船非
常有用。……好了，終於準備完成。那麼就開始實驗吧！

242

▸ 所謂的雷諾數，是一種用來表達流體行為（流體會如何移動和影響周圍）特徵的數。當這個數的數值相同時，不論物體的大小相差多少，流體在物體周圍都會以相同的方式流動。這就是雷諾相似準則。

▸ 通過形狀相似（放大或縮小後可以完全重合的形狀）之物體或環境（水管等）的2個流動，若兩者雷諾數相等的話，則兩者流體的表現也相同。

當雷諾數相同時，寫出的數式也一樣，流體的表現也相同，因此能夠用模型來模擬真實情境。

只要使雷諾數相同，即使改變物體的大小，也能重現真實的流動情況。

雷諾進行的實驗

　　雷諾進行的實驗用到了圖1中的實驗裝置。檯子上放有一個裝滿水的大型水槽，水槽內裝設了其中一端為喇叭形開口的玻璃管道。管道貫穿水槽壁連接到外頭，可以排水調節水槽內的水量。

　　當排水量增加時管道中的水流速會加快，排水量減少時會變慢（喇叭形的開口是為了避免吸水時產生亂流）。

　　管道口插著一根從另一側連過來剛好對準管道正中心的細管。細管連接著放在水槽上方裝有墨水的燒瓶，墨水會在管道內拉出一條細線，藉由墨水線就能夠看出管道內的水流情況。

〔圖1〕　**雷諾的實驗裝置**

本實驗裝置現保存於曼徹斯特大學。

　　當管道內的水流流速很小時，墨水在管道內看起來會是一條直線（圖2－a）。然而，當流速一點一點變大，墨水會逐漸跟周圍的清水混合。而到了管道的下游處，墨水已完全與清水混在一起（圖2－b）。

　　雷諾改變了管道的直徑、流速、決定水黏性的溫度等各種變量來重複進行實驗。最後他發現了在相同條件下水流情況也會相同的雷諾數。

〔圖2〕 管道內的流動情況

（a）當流速很小時

（b）當流速階段性變大，開始產生亂流時

雷諾數是做什麼的？

雷諾表示，把2個形狀相似，只有大小不同的「模型」和「實物」分別放在流體中，只要兩者的雷諾數相同，流體的流動情況也會相同。

雷諾數是由「流速、流體中的物體長度、流體的黏度」這三者計算得出的數值。以雷諾數為 R、流速為 U、流體中的物體長度為 L、流體的黏度為 v，四者的關係可寫成下面的關係式：

$$R_e = \frac{UL}{v}$$

將這個關係式中的分子和分母同乘以流體密度，化為可理解式子意義的量，就是雷諾數 $= \dfrac{慣性力}{黏性力}$。

換句話說，雷諾數可表示為慣性力和黏性力的比（慣性力就是受力後傾向維持原本運動狀態的力，黏性力可理解為傾向與周圍物體一起運動的力）。

所以雷諾數愈小（黏性力較大）則流動愈整齊一致，雷諾數愈大（慣性力較大）時則愈容易產生亂流。

這種時候派得上用場！

 ## 航空器的機體設計、船的螺旋槳設計

在設計航空器的機體時，有時機體大小會超過100m。此時工程師就會利用雷諾相似準則製作小型模型來進行試驗，將模型固定在風洞內，讓空氣流動，測量機體周圍的氣流和模型的受力情況。這是用來檢查機體設計有無問題和確認引擎性能，非常重要的步驟。

至於在船舶的設計領域，由於船體本身在波浪中的搖動情形也很重要，所以會應用另一個相似準則來做模型試驗。不過大多數船隻在單獨測試螺旋槳的推進性能時，仍會在水槽中利用雷諾相似準則進行試驗。

而像地鐵、海底隧道、汽車隧道等長達數km以上的隧道，為了確保隧道內的通氣性，也會在設計階段的模型實驗中用到雷諾相似準則。

〔圖3〕 飛機（模型）的風洞實驗

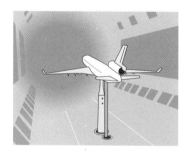

火星探測也用得到！

火星是與地球位在同一個太陽系內的鄰居。人類已數度利用火星軌道上的人造衛星或登陸探測器調查過火星的情況。

而日本也是其中一員。日本人想出了一個獨特的方案來探測火星，那就是打造一架解析度比人造衛星更好，且不會像登陸型探測器那樣受地形阻礙，具有高機動性的航空探測器。

由於火星的大氣性質與地球間存在很大的差異，因此日本還開發了可模擬火星飛行環境的「火星大氣風洞」裝置，用以研究能在火星上飛行的飛機。

軼事

美麗的相似形

　　每到冬天，日本的衛星雲圖上總會出現奇妙的雲層圖，引起大眾的討論（圖4－a）。當冷空氣吹拂時，濟州島、屋久島、北海道的利尻島等下風處便會形成交互排列的渦流。這種渦流叫做「卡門渦街」，是流體中存在圓柱形的障礙物，且雷諾數介於40～1000之間時會發生的現象。

　　卡門渦街在餐桌上就可以輕易製造出來。例如圖4－b，就是把牛奶倒在淺盤內，然後從淺盤邊緣倒入少量濃縮咖啡液，再用筷子迅速撥動時出現的圖案。

　　左邊圖片的尺度是1000km，而右邊圖片的尺度只有10cm，但兩者卻出現了相似的表現。

〔圖4〕 卡門渦街

（a）氣象衛星在濟州島和屋久島上方觀測到的卡門渦街雲圖

（b）用牛奶和濃縮咖啡液在餐桌上做出的卡門渦街

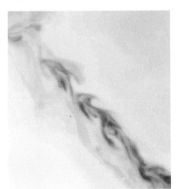

熱之章

熱 是 如 何 產 生 的 ？

熱與溫度

熱的本質
不是物質（熱質），而是運動！

倫福德伯爵
班傑明・湯普森

發現的契機！

—— 18世紀，科學家們認為「熱是一種名為熱質（caloric），沒有重量的流體（類似液體和氣體的存在）」。當熱質流進物體，溫度就會上升；熱質流出物體，溫度就會下降。然而，曾擔任火藥和大砲工程師的倫福德伯爵（班傑明・湯普森，1753～1814）卻在當時發表了一個大大改變了熱質說命運的理論。

我在工作時發現，在不裝砲彈的時候開砲，砲身會比裝填砲彈發射時燙得多，於是開始萌生「會不會是砲身的金屬粒子代替砲彈吸收了火藥給予的動能而激烈運動導致」的想法。除此之外，我還注意到在替大砲的砲身搪孔的時候也會產生大量的熱，所以我就想測測看具體到底有多少熱產生。因為我發現只要裝置持續運動下去，似乎就能無止盡地發熱。

—— 「假如熱質說是正確的，那麼物體內含有的熱質應該有極限，不可能無限發熱」，您是在懷疑這點吧。

因此我做了個實驗。我找來一塊跟大砲相同材質的金屬削成圓筒狀的鐵棒，然後插進鑽孔用的錐子，再讓2匹馬急速轉動錐子。結果圓筒內部的溫度升高到了70℃（1798年發表於皇家學會）。

—— 熱產生的原因不是熱質，而是運動——用現代的話來說，就是熱是一種能量。後來在能量守恆定律（熱力學第一定律）確立後，熱質說終於完全從歷史退場。

▸ 日常生活中最常使用的溫度標準是攝氏溫標。攝氏溫標是在1大氣壓的環境下，以水和冰的共存溫度為0℃，以水和水蒸氣共存的溫度為100℃，然後將這2個溫度中間的溫差分成100等分的溫度標準。

▸ 構成物質的原子完全靜止不動時的溫度稱為絕對零度，單位是K（克耳文）。絕對溫度 TK 和攝氏溫度 t℃ 的溫度間隔的值相同，且兩者的關係可表示為 $T = t + 273.15$。

▸ 熱的本質是能量，熱量是原子或分子的振動能和動能的總量。熱量的單位是 J（焦耳）。

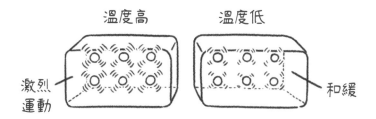

溫度高　　　　溫度低

激烈運動　　　　　　　　　　　和緩

物體的溫度是用來表示構成該物體的分子或原子的熱運動激烈程度。

所謂的溫度，就是原子和分子的世界中原子和分子的熱運動激烈程度。

倫福德的實驗對熱質說造成重大打擊

熱質說的擁護者反駁倫福德的實驗，認為「實驗中的熱來自圓筒中的空氣」，所以倫福德把整個裝置泡入水中，在不存在空氣的狀態下又做了一次實驗。結果在完全沒有點火的情況下，圓筒只耗費2個半小時就煮沸了大量的水。

倫福德的實驗排除了熱從外部進入的可能性，且過程中也沒有引起會發熱的化學反應，所以唯一可能的解釋是熱來自在砲身鑽孔時的運動。

 溫度的微觀概念

物體是由原子和分子組成的。從溫度和熱的角度來看，原子和分子可以等而視之，所以這裡我們就統一用分子來解釋。

構成物體的分子，平時會猛烈地互相推擠，到處亂動。這個運動叫做熱運動。固體分子的熱運動是原地的振動。

在微觀世界，所謂的溫度就是「分子運動的激烈程度」。運動愈激烈則溫度愈高，愈和緩則溫度愈低。

而所謂的溫度降低，就是分子的運動愈來愈和緩的意思。直到最後分子完全停止運動。

換言之，低溫是存在極限的。分子停止運動時的溫度是 − 273.15℃（0K〈克耳文〉），宇宙中不存在更低的溫度。

那麼溫度存在上限嗎？分子動得愈劇烈，溫度就愈高，直到幾萬℃、幾

〔圖1〕 溫度就是分子運動的激烈程度

分子靜止的狀態　　　　　　低溫　　　　　　　　高溫
（絕對溫度0K）　（分子和緩運動的狀態）　（分子劇烈運動的狀態）

億℃、幾兆℃都有可能。

此時，分子會崩壞變成被稱為電漿的狀態。電漿是分子被電離成陽離子和電子，兩者自由到處跑的狀態，是物質除固體、液體、氣體之外的第4種狀態（第296頁）。

熱 容 量 和 比 熱（比 熱 容）

對物體加熱後溫度會上升。這是由於組成物體的分子和原子運動變得激烈。此時物體得到的熱運動能量稱為熱量，單位是 J（焦耳）。

給予相同的熱量，有些物體的溫度會大幅上升，但有些物體卻不會。使某物體溫度上升1K所需的熱量，就叫做該物體的熱容量。單位是 J/K（焦耳每克耳文）。

以 C〔J/K〕表示熱容量，則溫度上升 $\triangle T$〔K〕所需的熱量為 Q〔J〕時，即 $Q = C\triangle T$。

若給予的熱量為 Q〔J〕，物體的比熱為 C〔J/（g·k）〕，物體的質量為 m〔g〕，溫度差為 $\triangle T$〔K〕，則四者存在 $Q = mC\triangle T$ 的關係。

在各式各樣的物質中，水的比熱算是非常大的。若要加熱水這種比熱大的物質，需要很多熱量。

〔圖2〕 各種物質的比熱

物質	比熱〔J/（g·k）〕
鉛	0.13
銀	0.24
銅	0.38
鐵	0.45
水泥	0.8
鋁	0.9
木材（20℃）	1.3
海水（17℃）	3.9
水	4.2

（25℃時的比熱）

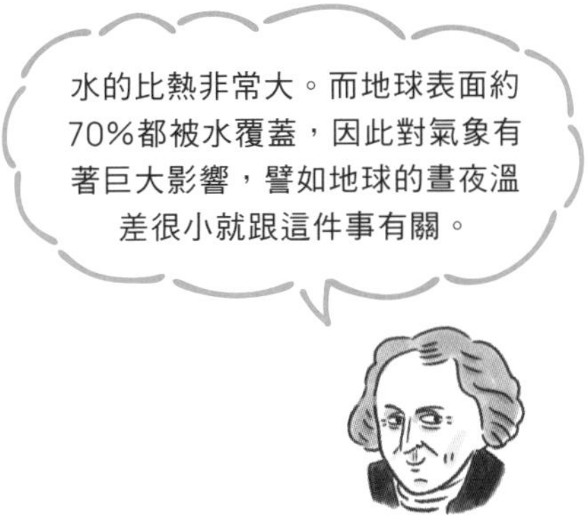

水的比熱非常大。而地球表面約70％都被水覆蓋，因此對氣象有著巨大影響，譬如地球的晝夜溫差很小就跟這件事有關。

這種時候派得上用場！

 溫度計、體溫計

我們平常所用的玻璃製棒狀溫度計，裡面的液體有的是銀色，有的是紅色或藍色。

銀色的液體是水銀。紅色或藍色的則是染色過的石油類液體（煤油，燈油的成分）。另外，我們平常用的溫度計中除了煤油，也有些其實是使用酒精，所以兩者更常統稱為酒精溫度計。

溫度計的原理，利用的是水銀和煤油升溫時體積會膨脹的現象。

用這些溫度計測量體溫時，沒有辦法馬上就量出正確溫度。量體溫的時候，發熱的一方是人體，必須等到溫度計的溫度和體溫相等時，熱才會停止從人體移動到溫度計。所以需要花費一段時間。

另外，用普通的溫度計測量體溫，在把溫度計拿出來讀刻度的過程中，溫度計就會開始受到周圍的空氣影響。所以體溫計被設計成離開人體後液體就不會下降，必須用力甩動才能讓刻度歸零。

而電子體溫計則是利用半導體在不同溫度下導電程度不同的性質來測量溫度。

除此之外，還有利用身體表面散發的紅外線來測量體溫的非接觸式體溫計。這種溫度計利用的是所有物體都會釋放與自身溫度成正比的紅外線。

軼事

 「攝氏」的由來

　　我們日常生活中最常用的溫標是攝氏溫標。

　　攝氏溫標最早的提出者是攝爾修斯，而「攝氏」一詞便來自「攝爾修斯」這個中文譯名的第一個字。

　　攝爾修斯最初想到的方案是以1大氣壓環境下水的熔點為100℃，沸點為0℃（1742年），但因為溫度愈高數字愈小有點違反直覺，所以後來0℃和100℃的位置被顛倒過來。

　　而現在則改為先定義絕對溫度後，再用絕對溫度來定義攝氏溫度。

　　具體而言，就是將絕對溫度的1K定義為水的氣態、液態、固態三態可同時存在的溫度（水的三相點溫度）的273.16分之1。這個數字之所以這麼奇怪，是因為在絕對溫標被發明前攝氏溫標就已經相當普及，為了方便只好刻意把絕對溫度的1K設定為接近攝氏1℃時的溫度。

絕對溫度＝
攝氏溫度＋273.15

波以耳－查理定律

波以耳定律＋查理定律。
人們總算搞懂了氣體膨脹的原理！

羅伯特・波以耳

發現的契機！

—— 今天的來賓是英國的羅伯特・波以耳先生（1627～1691）。聽說
在您年輕時對您影響最大的人，是德國科學家格里克先生（1602～
1686）。

在我31歲那年（1658年），格里克先生用馬匹公開演示著名的馬德堡
半球實驗。這個實驗的內容是「將2個邊緣可以完全密合的巨大銅製
半球結合在一起後，用真空泵抽掉球內空氣，兩側各綁上8匹馬往反
方向跑，結果完全拉不開」。我在聽說這個實驗後，便想自己也做一
個真空泵，用它做做看不同的實驗。

—— 聽說您還聘用當時仍是窮學生的羅伯特・虎克先生（第16頁）當自己
的助手呢。

是的。在他的協助下，我做出了當時最好的真空泵，並用它做了各種
實驗，將研究成果出版為《關於空氣彈性及其物理力學的新實驗》一
書（1660）。然後又在這本書的第二版（1661）中將「氣體的壓力與
體積成反比」這件事公式化。而這就是「波以耳定律」。

—— 現在波以耳定律和法國的查理先生（1746～1823）於1787年發現的
「查理定律」（當壓力不變時，氣體的熱膨脹不受氣體種類影響，與溫度的
上升成正比）合稱為「波以耳－查理定律」。

▸ 在固定溫度下，固定質量的氣體體積 V 與壓力 P 成反比。此稱波以耳定律。

$P \times V =$ 固定值

▸ 當壓力與質量不變時，氣體的絕對溫度 T 與體積 V 成正比。此稱查理定律。

$\dfrac{V}{T} =$ 固定值

▸ 波以耳定律和查理定律合稱波以耳－查理定律。

$$\dfrac{PV}{T} = \text{固定值}$$

P 是氣體的壓力，V 是氣體的體積，T 是絕對溫度。

※ 使溫度從 T_1 變為 T_2，體積從 V_1 變為 V_2 時，
$\dfrac{P_1 V_1}{T_1} = \dfrac{P_2 V_2}{T_2} =$ 固定值。

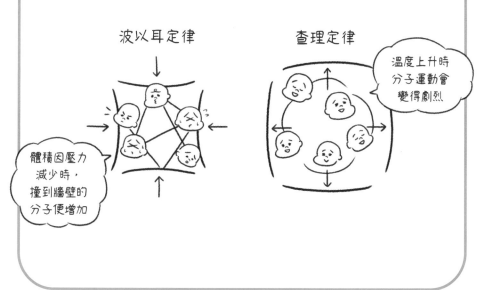

波以耳定律

查理定律

溫度上升時分子運動會變得劇烈

體積因壓力減少時，撞到牆壁的分子便增加

氣體的壓力是什麼？

運動中的氣體分子撞到容器的牆壁，會對牆壁施加作用力。此時每單位面積（$1m^2$）的作用力就叫做壓力。

壓力的單位是帕斯卡（符號：Pa）。1Pa等於$1m^2$面積受到1N的力。換言之，$1Pa = 1N/m^2$。而天氣預報中的大氣壓由於數字都很大，所以習慣用hPa（百帕，1hPa＝100Pa）表示。

 波以耳定律和氣體的分子運動

舉例來說，往體積V_1的針筒填入氣體，假設筒壁承受的壓力為P_1。接著推動針筒，使體積變為V_2，此時的壓力為P_2。

若體積變為原本的$\dfrac{1}{n}$（$V_2 = \dfrac{1}{n}V_1$），單位體積中的分子數會變為n倍，容器壁每單位面積的衝撞分子數也會變成n倍，令容器壁承受的壓力變為n倍（$P_2 = nV_1$）。

因此，$P_2 V_2 = (nV_1) \times (\dfrac{1}{n}V_1) = P_1 V_1$。

〔圖1〕 波以耳定律

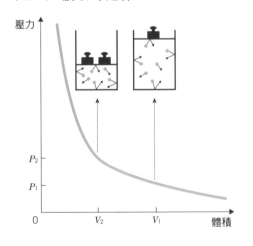

施加壓力時體積縮小，則每單位體積內的氣體分子數增加，使得撞到牆的分子數增加！

查理定律和氣體的分子運動

　　若從氣體分子運動的角度來看，則查理定律就是在說當溫度升高時，氣體分子的平均速度會變大，因此撞到容器壁的次數增加，且衝撞時對容器壁的推力也變大。

　　把絕對溫度 T 和體積 V 的關係畫成圖形，就會得到一條通過原點的直線。

　　假如查理定律在所有溫度下都成立，那麼當溫度下降時，體積也會跟著減少。而在 $T = 0$（約 $-273℃$）時，$V = 0$。因為體積不會變成負值，所以物體的溫度也不會低於 $-273℃$。

　　英國的克耳文認為 $-273℃$ 是低溫的極限，並將此溫度定為絕對零度（0K）。

　　以此溫度為基準，用跟攝氏溫標相同的溫度間隔設定刻度的溫度系統，就是「絕對溫標」。

〔圖2〕 查理定律

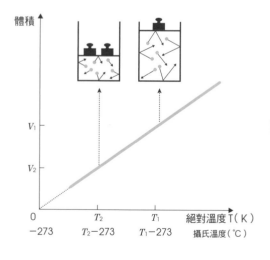

溫度上升時，
氣體分子的運動變得劇烈，
衝撞牆壁的力道也變大！

波 以 耳 ─ 查 理 定 律

波以耳定律和查理定律合起來，可以推導出壓力和溫度同時變化時的關係。假如一定量的氣體壓力為P，溫度為T，體積為V，則三者的關係符合如下關係式：

$$\frac{PV}{T} = 固定值$$

只要氣體的量不變，不論壓力和溫度如何改變，這個關係式都永遠有效。

符 合 波 以 耳 ─ 查 理 定 律 的 氣 體 是
「 理 想 氣 體 」

根據查理定律，氣體的體積無關氣體的種類，在一定壓力下溫度每上升或下降1℃，就會增加或減少該氣體在0℃下體積的$\frac{1}{273}$。

按照此定律，照理說氣體就算降溫至絕對零度（＝－273℃）也應該會保持氣體的狀態。

然而，以空氣為例，空氣在降溫到－183℃～－196℃時氧氣就會發生液化，然後氮氣也會液化，使體積急速縮小，不再遵循波以耳－查理定律。

這是因為現實中的氣體在降至極度低溫時，分子間力與氣體熱運動的比值會放大到無法繼續忽略的程度，使分子互相吸引，導致體積縮小。科學家預想，即使沒降至極端的低溫，隨著溫度降低，現實中的氣體也會逐漸偏離理想氣體的性質。

氣體要完全遵循波以耳－查理定律氣體狀態方程式，必須符合以下條件：

①相較於氣體的體積，個別分子的體積小到可以無視

②分子間力小到可以無視

這種氣體就叫「理想氣體」。由於現實的氣體沒辦法無視這2個條件，所以在計算壓力和體積時必須做一些調整。

當現實氣體的分子足夠分散時，就會符合①和②的條件，因而在「壓力夠小」、「溫度夠高」時的表現會很接近理想氣體。

波以耳定律的生活例子

日本小學的理科實驗課中，有一項實驗是「在密閉的針筒內裝入水或空氣，然後用力推壓活塞（施加壓力），會發現水不會被壓縮，但空氣卻會壓縮，而且反彈的壓力也更大」。

〔圖3〕 **空氣受擠壓後會縮小**

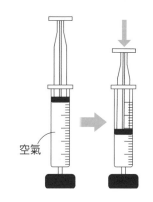

空氣

這就是波以耳定律的定性實驗。

用力握住網球，網球的體積會變小。這是因為手的壓力壓縮了網球內的氣體體積。

網球的體積變小，球內的氣體壓力就變大，反彈力也變大。

把密封的零食包裝帶到高山上，袋子會變得愈來愈鼓。這是因為高山的空氣比較稀薄，袋子周遭的大氣壓力變小所致。

 查理定律的生活例子

加熱被壓凹的乒乓球，球內的空氣會膨脹，使球恢復原狀。氣體會在溫度上升時發生膨脹。

熱氣球的原理是用燃燒器加熱氣球內側的空氣，使內側的空氣膨脹變輕，就能夠浮起來。

沉積在地表的空氣因太陽照射而加溫後，會膨脹變輕往上升，形成上升氣流。

熱是如何
產生的？

熱力學第零定律

熱力學第一定律和第二定律的
大前提，表達了溫度意義的定律！

馬克士威

發現的契機！

—— 熱力學要解釋的第一個東西，就是定義了溫度、熱等概念的熱平衡
（熱力學的平衡狀態）的存在。這就是「熱力學第零定律」。今天邀請
到的是英國的馬克士威先生。

 熱力學第零定律，是熱力學第一定律和第二定律的大前提。早在很久
以前人類就知道熱平衡的存在，卻一直沒有人將其法則化……。直到
20世紀初葉，這個概念才終於被命名為熱力學第零定律。

—— 之所以叫第零定律，是因為熱力學第一定律和第二定律這2個名稱在
當時早已深植人心，所以不適合重新排序。話說回來，馬克士威先生
都做過哪些研究呢？

 我曾研究過法拉第（第148頁）的力線（磁力線、電力線）理論，並嘗試
將之數學化。後來，我又跑去研究為何土星環能夠穩定地存在。土星
環是由許多小岩石聚集而成，而我想知道它們為什麼能在互相撞擊的
情況下保持穩定。後來我根據這個研究的成果，想出了用統計和機率
來描述氣體分子運動的理論。

—— 馬克士威先生的氣體分子運動論，原來是從土星環的研究開始的啊！

▸ 溫度相異的2個物體接觸時，熱會從高溫物體流向低溫物體。只要接觸時間夠久，兩者的溫度會逐漸趨於一致，熱也不再移動。這個狀態叫做「熱平衡」。而熱平衡就是熱力學第零定律。

▸ 熱平衡就是物體的壓力、體積、溫度等特徵不再變化的狀態。

▸ 熱平衡狀態下，若沒有來自外部的熱進出，則高溫物體失去的熱量等於低溫物體得到的熱量。此現象叫做「熱量守恆」。

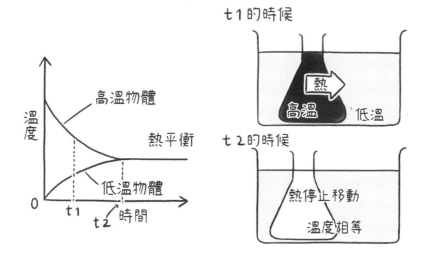

2種氣體完全混合後，任一部分的壓力、溫度都相同。

熱力學第零定律

高溫物體接觸低溫物體時，高溫物體的溫度會下降，低溫物體的溫度則會上升。直到兩者溫度相同時停止變化。

科學家認為，此時應該有「某種東西」從高溫物體移動到低溫物體上。而這個「東西」就是熱。

兩物溫度相同時，熱就會停止移動。此時我們就說兩物「達到熱平衡」。

熱平衡是一個由經驗得出的法則，俗稱熱力學第零定律。熱力學第零定律是一個決定溫度性質之意義的定律。

〔圖1〕 固體的熱平衡

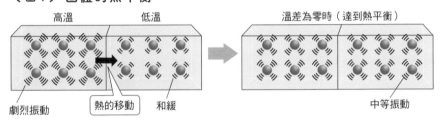

高溫　　　　低溫　　　　　　　　　溫差為零時（達到熱平衡）

劇烈振動　　　熱的移動　　和緩　　　　　　　　　　　中等振動

氣體的分子運動論和熱平衡

從微觀角度著眼於個別氣體分子的理論叫做分子運動論。

在氣體中，大量的分子通常可以自由地到處亂跑。

分子的運動速度會隨氣體溫度上升而增加，隨氣體溫度下降而減少。也就是說，溫度高時分子的平均動能會變高，溫度低時分子的平均動能則會變低。

分子亂跑的速度最小的狀態，就是所有分子都靜止不動的狀態。此時的溫度就是低溫的極限，稱為絕對零度。

之所以用「平均」動能來討論，是因為特定溫度下的氣體分子速度不完全相同，有些分子跑得快，有些跑得慢。而且不同溫度下，不同速度的分子數分布也不一樣。高溫狀態下，跑得快的分子會比低溫狀態下更多。這就叫

馬克士威分布。

　　想像一個實驗，把高溫氣體和低溫氣體放在有隔板的箱子內，使其不能互相混合，然後再把隔板拿掉。拿掉隔板幾小時後，箱子裡的所有氣體都會變成相同的溫度。

　　高溫氣體和低溫氣體接觸後，高溫氣體分子和低溫氣體分子會彼此碰撞。此時，高溫氣體分子會把動能傳給低溫氣體分子。低溫氣體分子得到動能後分子運動會加速，於是溫度上升。而高溫氣體分子失去動能後運動減弱，於是溫度下降。

〔圖2〕馬克士威分布

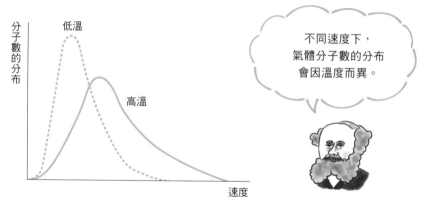

〔圖3〕　氣體的熱平衡

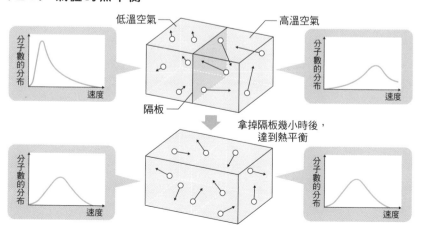

液 體 和 固 體 的 熱 平 衡

　　這個原理不只存在於空氣這樣的氣體，也會存在於液體和固體。唯一的差別是，液體和固體的分子無法像氣體分子那樣自由地到處亂跑。

　　雖然不能亂跑，但緊密相依的液體和固體分子卻可以振動。分子振動（熱振動）得激烈時，溫度就變高；振動得和緩時，溫度就變低。當高溫物體和低溫物體接觸（或混合），就跟氣體一樣，分子會彼此碰撞交換動能，最終達到熱平衡。

　　例如把20℃的水200g和60℃的水300g混合，請問會變成幾℃呢？由於熱量＝質量×比熱×溫差，而兩者的比熱相同，所以低溫方得到的熱量＝高溫方失去的熱量。假設混合後的水最終為x℃，則解$200(x-20)=300(60-x)$，即可算出$x=44$℃。

$$\boxed{\text{這 種 時 候 派 得 上 用 場 ！}}$$
∨

 ## 使 用 燒 燙 的 石 頭 來 蒸 烤 食 物

　　把燒燙的小石頭丟進水裡，石頭的溫度會降低，水溫會上升。假如不斷把高溫的石頭丟進水中，最後水就會沸騰。

　　筆者以前曾到斐濟和東加王國參加過當地的晚宴，並在那裡品嘗到一種在地上挖洞放入燒燙的石頭，鋪上香蕉葉，再放上以葉子或鋁箔紙包裹的各種食材，最後蓋上泥土悶燒的料理。

　　在這種烹調方法中，高溫石頭的角色就跟被瓦斯爐加熱的鍋子是一樣的。

為什麼平底鍋的把手要用木製的？

　　把鐵板和保麗龍板放在25℃的室內。過了一會兒當兩者達到熱平衡後，鐵板和保麗龍板的溫度理論上會是相同的。而實際上用非接觸式的輻射溫度計測量兩者溫度，也的確測到相同的數值（輻射溫度計是利用物體在不同溫度下釋放的紅外線和可見光強度之差異的特性來測溫）。然而我們用手觸摸，會覺得鐵板比較冰冷。這是為什麼呢？

　　室溫25℃是比人類的體溫更低的溫度，所以熱會從溫度高的人手流向溫度低的鐵板。而通常金屬比起其他物體更容易導熱。所以用手摸金屬時會有大量的熱流向金屬，使手的溫度快速下降。

　　另一方面，保麗龍是一種導熱性不佳的物質。這是因為保麗龍中存在很多不易導熱的空氣泡。所以與鐵相比，熱比較不容易從手移動到保麗龍，因此手的溫度不易下降。

　　但假如換到氣溫50℃的屋內，使鐵板和保麗龍都變成50℃，此時再用手觸摸，熱的移動方向就會變成從鐵和保麗龍流向手。

　　這時你應該會覺得鐵摸起來比較熱。這就跟在炎熱天氣下的汽車引擎蓋摸起來會很燙是相同的道理。相反地保麗龍則感受不到什麼熱度。而平底鍋等廚具的把手之所以都是木頭或塑膠材質，就是因為它們不像金屬那麼容易導熱。

〔圖4〕　把手是塑膠製的平底鍋

熱是如何
產生的？

熱之章

熱力學第一定律

功和熱都能用能量來理解，
且總量是守恆不變的

詹姆斯・焦耳

發現的契機！

—— 「熱力學第一定律」是19世紀時由多位科學家同時發現、確立的。
這次邀請到的是其中的代表，英國科學家詹姆斯・焦耳先生。

 我是焦耳。……我很喜歡科學。

—— 聽說焦耳先生的家裡是釀酒的，而您更曾在釀造場的角落建了一間研
究室獨自進行實驗，擁有十分特別的經歷……。可見您真的很喜愛科
學呢。請問焦耳先生您是如何發現這項定律的呢？

 熱力學中的功指的是「移動方向的力 × 移動距離」，而我發現了過
去被認為毫無關聯的熱和功其實是可以互相轉換的。我在實驗中成功
把功和電轉換成熱，證明了熱、電、運動等各種形式的能量都是可以
互相轉換的。

—— 看來您做了很多實驗呢。而且居然還都是自學的！這項發現促進了熱
力學的發展，並一口氣推動產業革命呢。

 或許是因為我小時候沒有去學校上學，一直都是在家自學，所以很習
慣這樣的環境吧。自己的名字能成為能量的單位，我感到非常榮幸。

▸ 以給予物體的熱量為 Q，對物體做的功（能量）為 W，則物體內部能量 U 的增減值 ΔU 可表達為以下數式。

$$\Delta U = Q + W$$

能量 U 的單位是
J〔$kg \cdot m^2/s^2$〕。

▸ 熱力學第一定律也是能量守恆定律。能量的總量永遠固定不變。

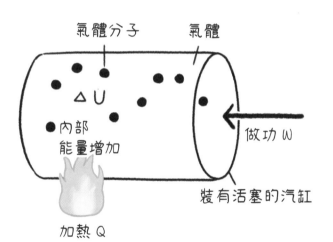

氣體分子　　氣體

ΔU

內部
能量增加

做功 W

裝有活塞的汽缸

加熱 Q

能量不會增加
也不會減少。
總量永遠保持不變。

若從外部做功或加熱，則內部能量會增加。

熱力學第一定律就是能量守恆定律

熱力學第一定律，就是把力學能守恆定律（第86頁）加上與熱能有關的討論。換言之，就是對於所有能量的守恆定律。

能量不會無中生有或憑空消失，一個系統的能量除非與外部發生交換，否則不會增加也不會減少，這就是能量守恆定律。

這裡讓我們用一個密封入氣體的活塞汽缸為例來思考。氣體中有數量相當可觀的分子在到處亂飛，我們把所有分子的能量加總後，命名為氣體的內部能量U。

接著對汽缸加熱，並把活塞往內推。此時給予氣體的熱量為Q，對氣體做的功為W。

對物體加熱或加壓時，物體分子的速度會增加、溫度會上升，能量也增加。而此例中我們給氣體的熱和功都是來自外部，所以氣體的內部能量會增加。

根據能量守恆定律，能量的總量是固定不變的，所以此時內部能量的增加量ΔU，即為$\Delta U = Q + W$。這個式子的意思是，給予氣體的熱和功的總和，與內部能量的增加量相等。

〔圖1〕 對裝有活塞的汽缸給予能量……

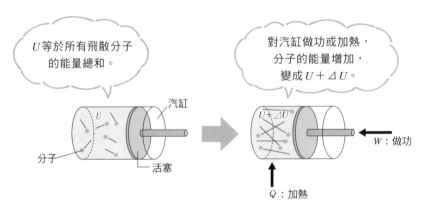

U等於所有飛散分子的能量總和。

對汽缸做功或加熱，分子的能量增加，變成$U + \Delta U$。

汽缸
分子
活塞
W：做功
Q：加熱

🔵 熱機

所謂的「熱機」指的是可以把熱變成功的機器。例如對圖2的汽缸加熱，汽缸內的氣體會膨脹推動活塞。如此一來，活塞就能對外部做功，譬如轉動輪胎等。

然而若只是這樣，活塞被推出去後就沒法再做功了，所以還必須想辦法讓活塞回到原位。因此在活塞推出去後可以用澆冷水等方式冷卻汽缸，奪走汽缸的熱量。如此一來氣體就會收縮，把活塞拉回最初的位置。重複這個循環，就能讓熱機持續運轉下去。而由此例可見，熱機至少需要1個高溫部分和1個低溫部分。

〔圖2〕 熱機的概念

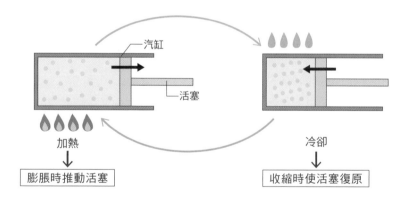

熱機有2個種類：一是讓汽油等燃料在汽缸內爆炸的「內燃機」，另一種是控制外部熱量的「外燃機」。

內燃機被應用在汽車、船舶、飛機等交通工具上，而外燃機則應用在蒸

汽汽車和蒸氣渦輪等。

蒸汽汽車是把燃燒煤炭產生的熱轉換成功。蒸汽汽車會用煤炭燃燒產生的熱（高溫部）來煮水，然後用沸騰後的水蒸氣推動活塞做功，轉動車輪。接著活塞內的水蒸氣會被排放到車外的低溫部，當成廢熱丟棄。這裡若不把熱排掉，活塞就沒法繼續做功，蒸汽汽車也會停止。

被丟棄的能量能被回收利用嗎？

有種引擎叫做「斯特靈引擎」，我想多數人可能都沒有聽過。這種引擎也是一種利用熱力學第一定律的外燃機，是19世紀時由蘇格蘭牧師勞勃‧斯特靈發明的。

斯特靈引擎不像汽油引擎那樣伴隨爆炸性的燃燒，運作時非常安靜，因此也被用來當成潛水艇的輔助動力。然而斯特靈引擎的製造成本和技術都存在問題，所以自始至終都沒有普及過。

在現代，斯特靈引擎被當成一種科學玩具來販售。雖說是玩具，但原理完全相同，就是重複「在裝置下方加熱氣體，在裝置上方冷卻氣體」的循環來推動活塞轉動車輪（圖3）。而且當外部氣溫夠低的時候，甚至只用手掌的溫度就能讓引擎運轉。這個玩具讓人們可以實際觀察到熱變成能量的過程，十分有趣。

近年，斯特靈引擎也作為一種回收地熱或汽車和冷氣排放的廢熱重新利用的系統，再次受到注目。

〔圖3〕 斯特靈引擎

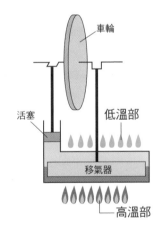

車輪

活塞

低溫部

移氣器

高溫部

熱力學的發展源自對永動機的夢

你知道「永動機」嗎？這是一種不用外部的助力就能持續做功的夢幻機械。其中被稱為第一類永動機的機械，更是可以在沒有能源的情況下製造能量。

圖4的裝置就被歸類在第一類永動機。車輪右邊重物與車輪的距離比左邊重物與車輪的距離更遠。因此，理論上這個車輪會不斷產生往右旋的旋轉力（動量），所以能使車輪永遠轉動下去。而從左邊回來的重物也會用力往右倒，增加旋轉的力量。

不過，實際轉動此裝置，會發現轉著轉著它就停止不動了。

除了這個裝置，歷史上人們還想出了很多種永動機，但最後全都以失敗告終。不過，可以說正因為有這些失敗的嘗試，人類才能發現了熱力學定律。

〔圖4〕 **第一類永動機的例子**

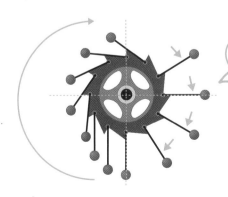

【預想】
車輪右邊重物與車輪的距離
比左邊重物與車輪的距離更遠，
因此會不斷產生向右的旋轉力，
使車輪永遠轉動下去。

熱是如何
產生的？

克耳文男爵

克勞修斯

熱力學第二定律

熱的移動是不可逆的。
隨著工業革命發展起來的熱的基本原理

發現的契機！

—— 「熱力學第二定律」是從各種熱機的研究中發現、發展而來的。
今天就讓我們訪問一下當中的2位關鍵人物，克耳文男爵（1824～
1907）和克勞修斯先生（1822～1888）吧。

嗯，我是克耳文男爵。我的本名是威廉・湯姆森，但很榮幸獲頒了
貴族爵位，於是便改用克耳文男爵這個稱號。有很長一段時間我一直
被「為什麼熱在自然狀態下只會從高溫物體流向低溫物體」這個問題
困擾……。而克勞修斯則漂亮地解決了這個問題。

我是魯道夫・克勞修斯。對於克耳文男爵的煩惱，當時很多科學家
都有思考過，卻始終找不到解答。所以，我就決定乾脆把這個事實當
成熱力學的基本原理。

—— 原來這是個眾多一流科學家在苦思之後還是沒有找到答案的問題啊。
所以，後來克勞修斯先生「總之承認自然就是這樣運作就對了」的想
法才成為主流。這種思考方式，在物理學很常見嗎？

沒錯。也就是先假定「總之自然就是這樣」，擱置這個問題，繼續往
前處理別的問題。只要把熱的這個性質定義為「熱力學第二定律」，
當成基本原理來認識，不僅很多問題可以迎刃而解，還能得到新的知
識。雖然這話由我自己說有點臭屁，但這可是劃時代的思維喔。

▸ 熱會從高溫物體移動到低溫物體，但不會反過來。是一種不可逆的自然現象。

▸ 從熱源取出來的熱，無法全部轉化為功。

▸ 熵會不斷增大。所謂的熵，是一種表示現象不可逆性的指標，代表混亂的程度。

不可逆變化

牛奶倒進咖啡擴散後，便無法重新分離。

熱也只能從高溫物體
移動到低溫物體，
無法使其復原。

熱力學第二定律可以用熱的移動，或熵的增加等各種形式來表述。

熱會從高溫物體流向低溫物體，
但自然情況下不可逆

把熱水倒進杯子，熱水會不斷變涼，最終會變成跟周圍相同的溫度。換言之，熱從高溫部的杯中熱水移動到了低溫部的周圍環境。

然而，自然情況卻不會出現相反的現象。把先前冷掉的熱水繼續放置，結果擴散到周圍的熱重新聚集起來，再次把水煮沸……這種現象在自然情況下是不可能出現的。而這種「無法恢復原狀的變化」就叫「不可逆變化」。

放置之後熱必然會從高溫部流向低溫部，且不存在相反的現象，仔細想想其實是一個很不可思議的性質。因為其他的物理現象只要沒有熱量流失，全部都是可以反過來的。譬如單擺只要沒有損失能量，就可以不斷重複相同的動作。

克耳文男爵曾絞盡腦汁思考為什麼熱是單向，但始終找不到解答（而且直到現在科學家還是不知道為什麼）。因此，克勞修斯就乾脆接受了這個事實，把它當成物理學的基本原理之一。

 熱源產生的熱，不可能全部轉換為功

18世紀中葉到19世紀這段時間發生了工業革命。當時，許多人都希望「能用最少的燃料讓熱機做最多的工作」，因此十分盛行與機器熱效率（表示給予的熱有多少能轉換成做功的值）有關的研究。

然而科學家慢慢在經驗上發現，熱效率似乎永遠不可能達到100％（順帶一提，汽車等交通工具的引擎熱效率只有20～30％左右）。換言之，熱機從高溫部接收到的熱無法全部轉換成做功，必然得在低溫部捨棄掉一些廢熱。因此所有熱機都至少需要2個存在溫差的熱源（圖1）。

後來，科學家明白到這件事意味著從熱源取出的熱，無法全部轉換成做功。

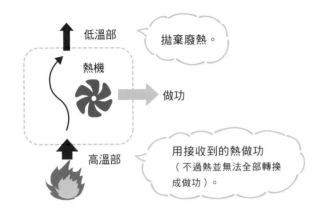

熵會不斷增大

熵是一種表示混亂程度的量，是熱力學的物理量。

若以溫度為 T，吸收的熱量為 Q，熵 S 的增加量為 $\triangle S$，三者的關係可以用下面的數學式表示。另外，在熱力學上一般是用絕對溫度（約以 $-273°C$ 為 0K）作為 T。

$$\triangle S = \frac{Q}{T}$$

然後，假設有 2 個熱源，溫度較高者的絕對溫度為 $T_高$，溫度較低者的絕對溫度為 $T_低$。此時 Q 的熱量會從高溫部移動到低溫部（圖2）。

〔圖2〕 熵會如何變化呢？

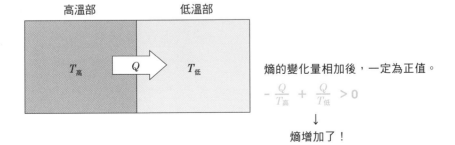

高溫部　　　　低溫部

$T_高$ 　 Q 　 $T_低$

熵的變化量相加後，一定為正值。

$$-\frac{Q}{T_高} + \frac{Q}{T_低} > 0$$

↓

熵增加了！

然後把熱量 Q 除以絕對溫度 T，分別得到 $-\dfrac{Q}{T_{高}}$（因為是流出，所以是 $-Q$）和 $\dfrac{Q}{T_{低}}$。兩者相加可得（假設 Q 非常小的情況）：

$$-\frac{Q}{T_{高}}+\frac{Q}{T_{低}} \quad\cdots\cdots ①$$

根據熱力學第二定律，熱一定是從高溫部流向低溫部，不可能反過來。

因此，$T_{高}$ 的熱 Q 一定是負的。而且當然 $T_{高} > T_{低}$，所以①的值一定是正的。

換言之，**伴隨熱現象的自然系統，熵一定只會不斷變大**。這叫做「熵增加原理」。

自然現象是不可逆的，那麼從宇宙整體的角度來思考，所有的熵理論上只會隨著時間不斷增加。

那麼熵增加又意味著什麼呢？**熵增加之後，能量會變得更難被使用。**

換個說法，也可說熵代表了系統的混亂程度。

打個比方，這就像是有人管理的圖書館和雜亂無章的圖書館之差別。當兩者的藏書量（能量）相同時，雜亂無章（熵增加）的圖書館理所當然更難被人使用。換言之，能量的品質會隨熵的增加而降低，變得更難被利用。

〔圖3〕 熵與混亂程度

整理整齊的書櫃　　　　　　　　雜亂的書櫃

熵值小　　　　　　　　　　　　熵值大

消耗能量？

我們的生活中常常可聽到「消耗能量」這種說法。然而，根據熱力學第一定律，能量是不會無端消失的，只會轉換成其他能量。

開車的時候，我們是把汽油的能量轉換成熱和動能來推動汽車。但當汽車剎車停下後，好不容易轉換得到的動能會統統變成熱。換言之，汽油的能量最後全都會變成熱能。

此時產生的熱能跟其他能量相比，是一種很難重新利用的能量（力學能、化學能、電能等則屬於易於利用的能量）。因為這股熱大部分都會擴散到四周（熵增加），變得難以回收利用。

考慮到未來的地球環境和資源枯竭，思考如何減少文明生活產生的多餘熱能，並想出盡可能將它們回收利用的方法，在接下來的時代將是非常重要的課題。

第二類永動機和湯姆森原理

所謂第二類永動機，指的是「可將單一熱源的熱全部轉換為做功的機器」。

譬如若能不用到低溫熱源就從地球的大氣取出熱能來做功，我們就能一石二鳥，同時解決全球暖化的問題並節約能量。而且，這種機器並不違反熱力學第一定律。

然而，由克耳文男爵提出的湯姆森原理卻告訴我們，「永遠不可能從單一熱源吸收熱量，使之全部轉換為做功而不產生其他影響」。換句話說根據熱力學第二定律，上述的第二類永動機不可能實現。

時至今日，仍偶爾會有人宣稱自己發明了永動機，希望申請專利。然而現代我們已經知道永動機違反熱力學定律，不可能實現，這些申請也全都被駁回了。

熱是如何
產生的？

熱力學第三定律

瓦爾特・能斯特

絕對零度無法被創造。
人工製冷的可能性和極限

發現的契機！

—— 溫度存在「下限」嗎？1905年，瓦爾特・能斯特先生（1864～
1941）針對此問題發表了「能斯特熱定律」。現在此定律被稱為「熱
力學第三定律」。

溫度是存在下限的，這個底線我稱為「絕對零度」，大約等於攝氏
－273.15℃。而絕對溫標就是以此溫度為零度的溫度系統。

—— 那種低溫很難去想像呢，它有辦法被人為創造出來嗎？

熱力學第二定律告訴我們，物體放著不管是不會自己冷卻的。通常要
讓一個物體冷卻，必須讓它接觸更低溫的物體，把熱量送給別人才
行。可是，由於宇宙中不存在溫度比絕對零度更低的東西，所以不可
能用人為的方式實現絕對零度。

—— 那如果用氣體那樣的分子集團的絕熱膨脹來降溫呢？

確實有可能。但絕熱膨脹法是把氣體維持在固定溫度下壓縮後，再讓
氣體膨脹來排熱，藉由不斷重複此循環來降溫，必須無限持續下去才
能逼近絕對零度。以有限的操作是不可能達到絕對零度的。換言之溫
度雖然存在下限，卻不可能真的到達下限。

—— 原來如此，所以就算知道絕對零度的意義，也「不可能實現絕對零
度」，這就是熱力學第三定律想表達的事吧。話雖如此，現在人類在
實驗室中創造出低溫紀錄已可達到千萬分之2.8K，也就是280pK＝
0.00000028K了喔。這是1993年用銠金屬實現的紀錄。

- ▸ 溫度存在「絕對零度」的下限。

- ▸ 所謂的熱力學第三定律，主要是在闡述絕對零度下的熵為零這件事。

- ▸ 熱力學第二定律只討論了熵的變化量。而熱力學第三定律則進一步定義了熵的絕對值。

- ▸ 熱的本質是原子和分子的隨機運動，物體的溫度升高時，這種隨機的熱運動會變得劇烈，使熵增加。

- ▸ 物體的溫度降低時，熵會減少。而溫度愈接近絕對零度時，熵愈接近零。

- ▸ 熵變成零的意思，可理解為物體被固定在唯一的狀態。

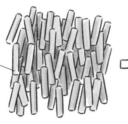

高溫的液晶

接近絕對零度的液晶

苯甲酸膽固醇脂
（nm大小的高分子）

各晶體兩兩以長面相對，整齊排列而穩定。在高溫狀態下晶體的位置和方向都會變亂，「排列的可能性」比低溫時多得多（熵變大）。而將晶體冷卻奪走能量後，「秩序」會增加，熵變得接近零。

在「絕對零度」下，原子和分子的熱運動會完全消失，保持唯一一種狀態。換言之就是熵為零的狀態。

熵 與 物 質 的 狀 態

　　熱的本質是原子和分子的隨機運動。物體的溫度變高，其實就是粒子的熱運動變激烈。波茲曼（1844～1906）認為所謂的熵，就是這種系統狀態的「混亂的可能性」。

　　當物體的溫度愈接近絕對零度，就代表粒子愈接近完全靜止的狀態。而熱力學第三定律想說的正是在絕對零度下「原子和分子將全部整齊排列，停止熱運動，變成不存在任何混亂的狀態」這件事。換言之，我們可以把不存在「混亂的可能性」，只有唯一一種排列方式的狀態定義為「溫度的下限」。可說非常吻合「絕對零度」這個詞。

　　絕對溫標是以絕對零度為零點，且刻度間隔和攝氏溫標相同的溫度系統，單位是克耳文，符號為K。而攝氏0度（0℃）就相當於273.15K。

　　利用「溫度的原點」概念，科學家可以透過測量熱量來算出某溫度狀態下的原子和分子集團所擁有之熵的絕對值。

　　一如在熱力學第二定律介紹過的，熵的變化量 ΔS 和與其相關的熱量（變化量）ΔQ 的關係為

$$\Delta S = \frac{\Delta Q}{T}$$

　　讓我們來看個具體的例子吧。圖1是苯的熵在0K到500K之間的變化圖。雖然0K不可能實現，但這裡假定0K時的熵為零。

　　隨著溫度從左下的零點往上升，苯從固體的狀態（固相）逐漸變為液體的狀態（液相），然後又從液體的狀態變成氣體的狀態（氣相）。

　　當苯從固相變為液相，或是從液相變成氣相時，觀察右頁圖形，會發現儘管熱量有所進出，溫度卻維持不變。此時的溫度就稱為相變溫度。而此時吸收、釋放的熱則叫潛熱。潛熱又被稱為「熔化熱」或「汽化熱」。

　　這個現象也可理解為熵在溫度不變的狀況下急速變化的現象。由此可見，熵在不同溫度下的變化圖包含很多有用的訊息。

〔圖1〕 苯的熵

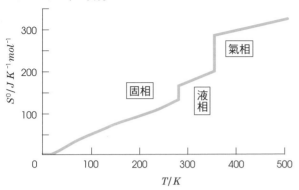

苯的熵隨溫度而上升的情況。橫軸是絕對溫度，縱軸是熵（每莫耳）的絕對值。

量子力學效應

　　即使是固體的結晶狀態，實際上在物體達到絕對零度前，就會出現一種名為「零點運動」──原子在絕對零度下仍不會停止振動的量子力學效應。

　　儘管熱力學第三定律告訴我們物體絕對不可能達到絕對零度，但當物體愈來愈接近絕對零度後，便會開始表現出如液態氦的超流動等在正常情況下會被熱運動掩蓋的量子力學效應，開啟新階段的量子效應領域。

〔圖2〕 液態氦的超流動性

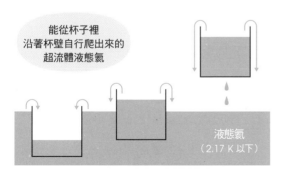

液態氦可以化成薄膜自己爬進容器，或是順著壁面爬到容器外面。

挑戰極低溫

過去有一類氣體被人們稱為「永久氣體」。因為此類氣體以當代的冷卻技術完全無法液化，所以科學家們一度以為這類氣體不論在多麼低溫或高壓的環境下都不會液化。實際上，空氣的主成分氮氣和氧氣，有段時間也曾被人們以為是永久氣體。

直到19世紀末期，科學家成功利用絕熱膨脹（利用降低氣體壓力來使溫度下降）的原理液化了氮氣和氧氣。自此永久氣體的名單上只剩下氫氣和氦氣。後來在1896年（有一說是1895年），因發明了擁有超高隔熱性，可用來保存液態氮等的魔法容器——杜瓦瓶而聞名的科學家杜瓦（1842～1923），成功利用杜瓦瓶和絕熱膨脹技術液化了氫氣。

接著眾多的科學家又繼續挑戰名單唯一剩下的氦氣。最終在20世紀初葉的1908年，荷蘭萊頓大學的昂內斯成功做出液態氦。當時他創造的液體溫度大約是4K。

後來，發明了絕熱去磁冷卻法，這是利用順磁性物質的磁矩來降溫的方法。科學家成功用電子法降溫至0.001K，又用原子核法創造出0.000001K的低溫。

近代，科學界又想出了不同於絕熱過程的另一種方法，叫「雷射冷卻」。這是種藉由光子撞擊原子直接奪走原子的動量，增加物質中慢速原子比例的方法。科學家用此方法在2003年創造出的鈉原子團只有0.00000045K的低溫。

微觀世界之章

時 間 和 空 間 的 誕 生

長岡半太郎

> 時間和空間
> 的誕生

原子的結構

原子是由體積只占整個原子很小一部分
的原子核及其周圍的電子組成的

發現的契機！

—— 在原子的結構中，最先被發現的是會從物質飛離的電子，且人們很快就發現帶負電的電子是原子的一部分。而由於原子本身是電中性，所以理論上原子內部應該還存在一種帶正電的粒子——。因此在19世紀末到20世紀初這段時間，英國的約瑟夫‧約翰‧湯姆森和日本的長岡半太郎先生（1865～1950）各自提出了自己的原子模型。

湯姆森先生提出了「電子和與電子的負電荷結合的正電粒子，是平均散布在球狀原子中」的原子模型，而我則提出了土星模型，也就是「眾多電子如土星環般環繞在帶正電的球體周圍」的模型。

當時剛當上東大理論物理學教授，開始研究原子物理學不久的我，在1904年於國際發表了土星模型的論文。我的這篇論文參考了因建立電磁方程式而聞名的馬克士威先生（第154、262頁）的論文〈論土星環運動的穩定性〉。

—— 到底誰的模型才是正確的，這個問題後來是由拉塞福先生（1871～1937）解決的呢！

發現阿爾法射線的真面目就是氦原子的拉塞福先生，做了一個用阿爾法射線照射金箔的實驗。他由這個實驗發現原子內存在帶正電的原子核，證明了土星模型的正確性。

▸ 原子是由電子和原子核組成。

▸ 原子的大小約為1億分之1cm。而位於中心的原子核大小只有原子的10萬分之1。

▸ 原子核是由帶正電的質子，以及不帶電的中子組成。質子和中子的質量幾乎相同。

原子的尺寸若比喻成東京巨蛋，則原子核就差不多是1元硬幣大小。

▸ 原子核內的質子數因元素而異，這個數量就是元素的原子序。

▸ 原子核周圍的電子非常小，質量大約只有質子和中子的1800分之1。因此原子的質量幾乎可與原子核的質量畫上等號。質子數和中子數的和稱為「質量數」。

氦原子的內部

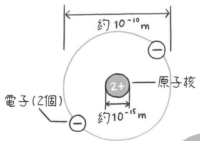

約 10^{-10} m

2+ ——原子核

約 10^{-15} m

電子（2個）

原子核

中子（2個）

質子（2個）

原子序
＝質子數（＝電子數）＝2

質量數
＝質子數＋中子數＝4

原子是由原子核（質子和中子）與電子組成。原子的質子數稱為原子序，而質子數和中子數的和稱為質量數。

拉塞福的實驗

　　拉塞福用鐳放射出的阿爾法射線（氦原子）照射真空中的金箔，發現大多數阿爾法粒子都直接穿過金箔，卻有極少部分的阿爾法粒子被彈開，行進路線大幅轉向。

　　據此結果，拉塞福推論「原子內大部分的空間是中空的，而中間存在一個帶正電的原子核，所以可彈開同樣帶正電的阿爾法射線。且原子核的體積跟整個原子相比非常微小」。

　　拉塞福根據自己的推論，提出了中心是帶正電的原子核，周圍旋繞著電子的原子模型。拉塞福原子模型的特徵是原子核比長岡模型小得多。

〔圖1〕 拉塞福的實驗

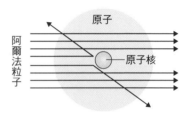

〔圖2〕 各種原子模型

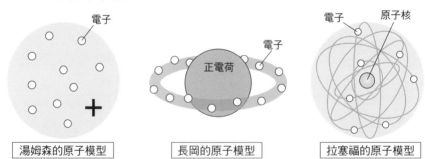

原子中的原子核非常小

　　假如把原子的體積定義為原子核周圍電子運動的範圍，那麼氫原子的直徑大約是 1.06×10^{-10} m（1億分之1.06cm）。

　　氫的原子核只有1個質子，其直徑只有 1.8×10^{-15} m左右。

因為實在是太小了，所以讓我們把它放大1兆倍。如此一來原子核的直徑就變成1.8mm，而原子的直徑則是106m。如果用鉛筆依照正確的比例把氫原子畫在筆記本上，那麼正中央畫上一個直徑1cm的原子核後，原子的直徑將完全超出筆記本的範圍。必須拿著鉛筆跑到53m遠的地方才畫得出來。

而即使放大1兆倍，電子也依然小得看不見。你可以想像整個原子就像一個非常大的空心球，只有微小的電子在廣闊的空間中繞著中間的原子核跑來跑去。

本書中收錄的所有原子圖也一樣，其實全都不符合正確的結構比例。

 ## 電子殼層和電子分布

電子會分成好幾層，在原子核的四周到處運動。這些層叫做電子殼層，從靠近原子核的內側往外依序是K層、L層、M層、N層。每層電子殼能容納的電子數都是固定的。K層、L層、M層、N層……可容納的數量依序是2、8、18、32……。

每種元素的原子都擁有與自身原子序相同數量的電子，而這些電子會由內側往外依序補位（在內側還沒坐滿前，外側的電子殼層不會有電子跑進去）。

電子在電子殼層的排列型態稱為電子組態，而有電子存在的最外側電子殼層叫做最外層。最外層的電子對於原子和原子的結合具有重要作用。

〔圖3〕 電子殼層的模型

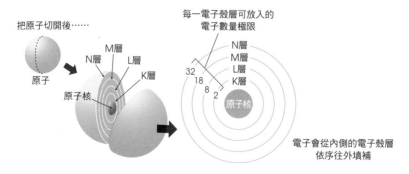

把原子切開後……

M層
N層　L層
　　　K層
原子
原子核

每一電子殼層可放入的電子數量極限

N層
M層
L層
32　　　K層
18
8
2　原子核

電子會從內側的電子殼層依序往外填補

同位素

週期表上同一格的元素，也就是原子序相同元素，其實有時存在好幾種不同的原子核種類。原子序相同但原子核結構不同的元素，差別在於原子核的中子數量。這種元素叫做同位素（isotope）。

同位素分為不具放射性的穩定同位素，以及由於原子核不穩定而會不斷衰變釋放出某種輻射的放射性同位素（radionuclide）。

例如自然界的鈾（U）就存在3種質子數相同，但中子數不同的同位素。它們全都屬於放射性同位素，質子數皆為92，而中子數分別為142、143以及146。

此時我們說這三者的「核種不一樣」。

為了區別它們，一般習慣在元素符號的左上方標註該元素的質子數和中子數總和（質量數），寫成 ^{234}U、^{235}U、^{238}U，唸法分別是鈾234、鈾235、鈾238。

 ## 輕水和重水

氫的同位素可分為普通的氫（輕氫）和重氫。

輕氫和氧結合就是普通的水（輕水），而重氫和氧結合就變成重水。在日本普遍的飲用水幾乎都是輕水，但也混有極少量的重水。比例大約是1t的輕水中含有160g的重水。

輕水和重水的性質不太一樣。但兩者同樣透明無色，且折射率也相差無幾，所以外觀幾乎沒有差異。

輕水的熔點和沸點分別是0℃和100℃，而重水則是3.82℃和101.42℃。輕水的最大密度是在約4℃時，為1g/cm³；重水則是在11.6℃時，為1.26g/cm³。不過，微量重水的存在幾乎不會影響正常水的性質。

軼事

原子的新形象

　　在量子力學這門學科中，原子內的電子運動跟我們平常所見的物體完全不一樣，無法畫出一條平滑的軌跡。

　　就像光具有粒子和波動的二象性，像電子這種質量極小的粒子也具有很強的波動性。而如同波會從一個點向周圍的空間擴散，電子也是擴散在整個原子中。

　　根據測不準原理（如位置和動量這種一組存在關聯的物理量不可能同時被正確地得知），具有波動表現的電子永遠無法精準測出它的某個時刻位於哪個位置。

　　因此科學家只能依照電子的存在機率，於原子核的周圍畫出具有濃淡的電子雲。而電子殼層的概念在此模型即是對應到電子雲中電子存在機率較高的位置，因此傳統的電子殼層概念仍可以解釋原子中的電子分布。

〔圖4〕 氫原子的模樣

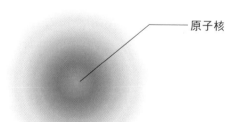

原子核

由濃至淡的藍色代表電子的存在機率，
但實際上大部分都是空無一物的空間

德謨克利特

時間和空間
的誕生

原子和分子

我們身邊的所有事物
都是由原子和分子組成的

發現的契機！

—— 據說歷史上第一個提出「原子（atom）」這個名詞的人，是古希臘哲
學家德謨克利特先生（西元前470前後～西元前380前後）喔！

萬物的根源乃是無數的小顆粒，且每一個顆粒都是永恆不壞的。我
以希臘語的「不可分割」一詞為靈感，將這種顆粒命名為「atom
（原子）」。

—— 德謨克利特先生是「原子論」的提出者對吧。

其實我提出的原子論完整主張應該是「萬物都是由原子和虛空組
成」。我認為原子之所以能占有位置並四處移動，是因為還有空無
一物的空間存在。

—— 德謨克利特先生所說的「虛空」，用現代的科學術語來說就是真空
呢。

在除了原子以外什麼都沒有的空間中，無數的原子持續不斷地到處
亂跑、互相碰撞。有些原子會和別的原子互相結合，組成團塊；而
這些團塊過了一段時間後又會分解，變回原本個別的原子——這就
是我腦中想像的世界。

—— 改變原子的排列方式和組合，就能產生不同種類的物質，而萬物都
是由原子組成的。您是這個意思吧。

當時的主流理論相信物質是由「火、空氣、水、土」四元素所組
成，但我卻認為火、空氣、水、土也是由原子構成。

- 地球上所有物質皆由原子組成。
- 原子不會輕易變成其他種類的原子，也不會輕易地消失，或者生成新的原子。
- 在現代，元素是依照原子的種類來區分，共已發現118種（2020年）元素，並被整理為元素週期表。
- 一般而言，分子是由多個原子組成的。

例：氫氣（H_2）、水（H_2O）、甲烷（CH_4）、二氧化碳（CO_2）

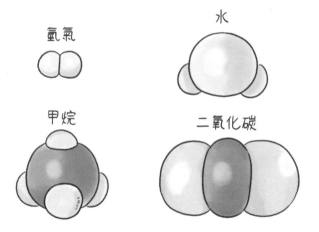

氫氣

水

甲烷

二氧化碳

- 組成離子性物質（電解質、離子晶體）的離子，可分為帶正電的陽離子和帶負電的陰離子。

任何物質都一定是由原子組成。此外也有由分子或離子組成的物質。

物質有 3 種

　　物質可粗略分為3種：金屬、電解質（離子結合性物質，代表性的例子有氯化鈉）以及分子性物質。以固體（晶體）來說，分別對應的是金屬晶體、離子晶體以及分子晶體。其中電解質一定是化合物，所以又叫離子化合物。

　　金屬、電解質、分子性物質的原子組成大致如下。

金屬：金屬元素的原子
電解質：金屬元素的原子＋非金屬元素的原子
分子性物質：非金屬元素的原子

　　如果更細分的話，除了上述3種以外，還有一種由巨大分子組成的共價晶體。這種晶體是由大量的非金屬元素結合而成的。不過，此類物質並不常見，只有石墨、鑽石、矽、二氧化矽等少數的例子。

　　另外還有俗稱有機高分子化合物（有時又簡稱高分子或高分子化合物）的類型，由分子量約在1萬以上的巨大分子組成的有機化合物。如澱粉、纖維素、蛋白質、合成纖維、塑膠等。

〔圖1〕 金屬元素和非金屬元素（略過原子序113～118）

	1												13	14	15	16	17	18
1	H	2																He
2	Li	Be											B	C	N	O	F	Ne
3	Na	Mg	3	4	5	6	7	8	9	10	11	12	Al	Si	P	S	Cl	Ar
4	K	Ca	Sc	Ti	V	Cr	Mn	Fe	Co	Ni	Cu	Zn	Ga	Ge	As	Se	Br	Kr
5	Rb	Sr	Y	Zr	Nb	Mo	Tc	Ru	Rh	Pd	Ag	Cd	In	Sn	Sb	Te	I	Xe
6	Cs	Ba		Hf	Ta	W	Re	Os	Ir	Pt	Au	Hg	Tl	Pb	Bi	Po	At	Rn
7	Fr	Ra		Rf	Db	Sg	Bh	Hs	Mt	Ds	Rg	Cn						

非金屬元素　　金屬元素

鑭系元素	La	Ce	Pr	Nd	Pm	Sm	Eu	Gd	Tb	Dy	Ho	Er	Tm	Yb	Lu
錒系元素	Ac	Th	Pa	U	Np	Pu	Am	Cm	Bk	Cf	Es	Fm	Md	No	Lr

物質三態「固態、液態、氣態」

　　固態、液態、氣體這3種狀態的差異源自原子、分子、離子的聚集方式。這裡我們以分子組成的物質為例。

　　固態的分子是以一點為中心原地振動。固體狀態下，分子之間吸引力很強，規則整齊地排列。

　　在液體狀態下，分子雖然跟固態一樣彼此相連，但跟被固定在特定位置動彈不得的固體分子不同，液體分子可以四處移動。一般而言，液體分子之間吸引力比固體分子弱，有些許空間可以互相交換位置。

　　而氣體分子可以每秒鐘幾百m的高速自由亂跑，速度比噴射機還快。然而，以空氣為例，$1cm^3$的空間內就有高達1兆乘以3000萬倍的分子存在，平均每移動10萬分之1cm就會撞上其他分子。所以每秒大約會發生1億次碰撞，飛得十分克難。

 ## 分子間力

　　分子之所以能結合成液體和固體，是因為分子之間存在引力。分子間的作用力叫做分子間力。分子間力分為氫鍵、源自極性的作用力、凡得瓦力等種類。分子間力的強弱順序為氫鍵＞源自極性的作用力＞凡得瓦力。

　　凡得瓦力是存在於所有分子之間的作用力。單個分子的質量愈大，凡得瓦力愈強。

假如分子之間不存在吸引力，那麼在常溫下分子會以高速進行熱運動，到處分散，只能以氣體的狀態存在。

物 質 的 第 四 態「 電 漿 」

給予冰塊熱能，在1大氣壓的環境下冰塊會在熔點0℃時變成液態的水。但冰和水就算沒有達到沸點100℃，表面也會有水分子逸散變成水蒸氣。而溫度達到100℃後，液體內部也會冒出水蒸氣的泡泡，出現沸騰現象。

繼續對水蒸氣加熱，水蒸氣的溫度會愈變愈高。例如瓦斯噴槍內也含有數百℃的水蒸氣，可以把紙燒焦。

而加溫到約3000K（約2727℃）時水分子會解離，由1個水分子變成2個氫原子和1個氧原子。

繼續加熱到超過1萬K（約9728℃）左右，組成原子的原子核和電子的連結會鬆開，變成陽離子和電子分散的電漿態。

電離層、太陽風、星雲等都是電漿態，可以說電漿態在宇宙中十分常見。而在我們的日常生活中，蠟燭和瓦斯爐的火焰中也含有些微的電漿。另外雷電和極光也會產生電漿。

〔圖2〕 電漿

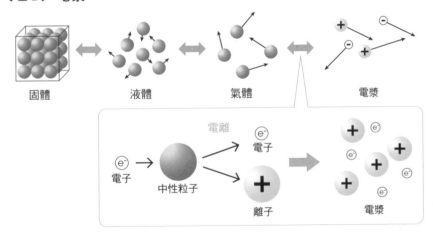

軼事

使原子、分子的存在被認同的實驗

把 1 μm（1000分之1mm）等級的微粒放在水等介質的表面上，微粒會出現微弱的彈跳等不規則運動（可以用200倍左右的顯微鏡觀察到）。這種運動叫做布朗運動。

1828年，羅伯特・布朗發現了這個現象，並將其發表在〈關於植物花粉中的微粒〉這篇論文中。把花粉泡在水裡，花粉會吸水破裂。布朗把從花粉中漏出的微粒子放在顯微鏡下觀察，發現每個微粒都在不停亂跑。

1905年，愛因斯坦發表「熱的分子動力論所要求的靜態液體中懸浮小顆粒的運動」，確立了布朗運動的理論。隨後，法國的佩蘭對布朗運動進行了精密的實驗。

最後，在科學家之間爭論以久的原子和分子是真實存在的這個問題終於畫下句點，所有人都承認了原子和分子的存在。這也是愛因斯坦偉大成就的其中之一。

〔圖3〕 布朗發現的微粒子運動（布朗運動）

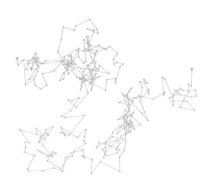

時間和空間
的誕生

輻射能・輻射線

推動了科技發展
但也帶來危險的重要原理

瑪麗・居禮

發 現 的 契 機 ！

—— 19世紀末到20世紀初這段時間，德國的倫琴先生（1845～1923）發現了X射線（1895）。然後法國的貝克勒先生（1852～1908）又發現了鈾具有放射性（1896）。請問瑪麗・居禮夫人（1867～1934）研究輻射能的契機是什麼呢？

我在生下女兒伊雷娜，身體完全恢復後，就馬上投入新的研究。當時影響我最深的是貝克勒先生的發現。因為這在當時的科學界是一個全新的問題，故深深吸引了我。

—— 聽說您為了精準測出輻射能的強弱費了不少苦心。輻射電離空氣後，雖然十分微弱，但會在空氣中產生電流。而您想出了利用這個特性來測量輻射能的方法對吧。

我以輻射能的強度為線索，從含有鈾的瀝青鈾礦中分離出了輻射能特別強的部分。我發現有2個部分的輻射能比純鈾還強了數百倍，從中發現2種新元素，並將它們分別命名為釙和鐳，在1898年公開了研究成果。

—— 釙這個名字的靈感是來自您的祖國波蘭對吧。

是的。不過，接下來的發展就沒那麼順利了。雖然我分離出了這2種元素，卻一直無法取得足以算出頻譜和原子量的量。於是我花了整整4年的時間，才從1t的瀝青鈾礦中好不容易分離出0.1g的鐳。

▸ 輻射能是釋放輻射線的性質、能力。

▸ 具有輻射能的原子的原子核會放出輻射，並自然而然地轉變成其他原子核。代表性的輻射線有阿爾法（α）射線、貝他（β）射線、伽瑪（γ）射線3種。

▸ 輻射線具有電離作用（彈出原子的電子），使原子變成離子。

▸ 電離作用的強度是阿爾法射線＞貝他射線＞伽瑪射線。

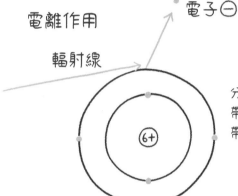

電離作用

輻射線

電子⊖

分離成
帶正電的離子和
帶負電的電子

(6+)

原子的電子（帶負電）
被輻射線彈飛後，
會變成電子和
帶正電的陽離子。

輻射具有穿透性和電離作用。這些作用的效果會因輻射的種類和能量而異。

主 要 輻 射 線 的 特 徵

阿爾法射線、貝他射線、伽瑪射線中，阿爾法射線的穿透力最弱，1張紙（相當於幾cm厚的空氣）就能阻隔它。貝他射線則需要數mm厚的鉛板（相當於幾m厚的空氣）才能擋下。而伽瑪射線的穿透力最強大，需要鉛板或很厚的水泥牆才能完全遮蔽。

阿爾法射線、貝他射線、伽瑪射線的真面目分別如下：

阿爾法射線：氦原子核（2個質子和2個中子強結合的粒子）流
貝他射線：從原子核中跑出來的電子流
伽瑪射線：與X射線相似的高能電磁波

其他還有像X射線、中子輻射、質子輻射等輻射線。這些輻射具有把電子從組成物質的原子中彈飛（電離作用）、使底片感光、使螢光物質發光、穿透物質等能力。

〔圖1〕 輻射的穿透力

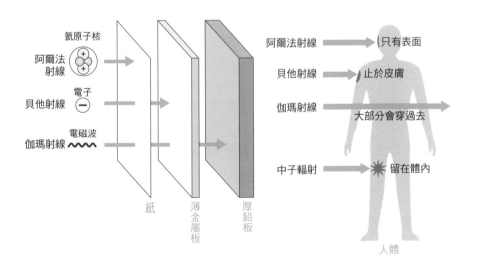

輻射能、放射性物質、輻射線

「輻射能」、「放射性物質」、「輻射線」這3個詞非常相似。「輻射」
是「從1點朝四面八方飛出」、「物體向周圍放出光或粒子」的意思。而輻
射能的「能」是「能力」;輻射線的「線」是「粒子或電磁波畫出的線」;
而放射性物質的「放射性」是「放出輻射線的性質」的意思。

下面讓我們用燃燒的蠟燭為例來解釋這3個詞。

蠟燭這個東西本身相當於放射性物質。而隨著蠟燭的大小不同,點燃時
的火焰也有大有小,所以每種蠟燭發出的燭光強度和光量也不一樣。換句話
說,不同種類的蠟燭發光能力不一樣。這就相當於輻射能。而燭火發出的光
就是輻射線。

〔圖2〕 用蠟燭比喻的話……

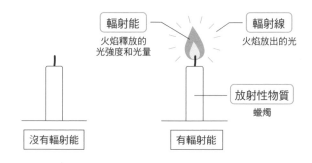

輻射的生理危害

輻射能和輻射線的單位如下。

貝克(Bq):1Bq表示1秒鐘內發生1次放射性衰變的原子核數量。

西弗(Sv):表示輻射線對人體的影響程度。輻射對生物的影響會因輻
射的種類及能量而有所差異,所以要用戈雷乘上係數來計
算。

戈雷(Gy):表示物質吸收了多少輻射的能量。1Gy代表每kg物質吸
收了1J的能量。

人體曝露在輻射線下的情況叫做輻射曝露。

發生輻射曝露後馬上就出現的症狀叫做急性輻射症候群，包括淋巴球減少、噁心、嘔吐、皮膚紅斑、掉髮、停經、不孕等。急性輻射症候群會在曝露量超過200mSv時出現。

而像癌症這種過了一段時間後才出現的症狀屬於慢性症狀。例如白血病，雖然也有人2～5年後就發病，但大多數都是10年之後才會開始出現症狀。但輻射曝露後出現症狀的時間也可能受生活習慣等因素影響，所以目前仍沒有明確的標準。

〔圖3〕 全身輻射曝露量的影響

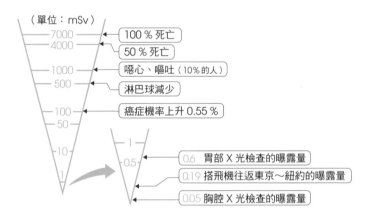

（單位：mSv）
- 7000 — 100％死亡
- 4000 — 50％死亡
- 1000 — 噁心、嘔吐（10%的人）
- 500 — 淋巴球減少
- 100 — 癌症機率上升0.55％
- 50
- 10
- 1
- 0.6 胃部X光檢查的曝露量
- 0.5 — 0.19 搭飛機往返東京～紐約的曝露量
- 0.05 胸腔X光檢查的曝露量

 天 然 輻 射

自然界隨時都充滿各種輻射。這些輻射稱為天然輻射。天然輻射的源頭之一是宇宙輻射，另一個則是以自然狀態存在於地球上的鈾、釷、鐳、氡、鉀40等放射性原子。

食物中的鈣有1萬分之1是具有放射性的鉀40。我們每天會從食物中攝取約50Bq的輻射，把排泄掉的部分也一併計算的話，我們體內大約隨時存在4000～5000Bq的放射性物質。

在日本，平均每人一年之中會從宇宙吸收約0.3mSv，從大地吸收約0.33mSv，從氡氣等吸收約0.48mSv，從食物吸收約0.99mSv的輻射。

輻射被應用在各種領域！

· 醫療（診斷、治療）

輻射具有可輕易穿透物質的性質，所以可利用X射線來查看骨折或胃部等的情況。

將身體放在X光發射器和感光板之間，或者放在X光發射器和檢測器之間，由於X射線不容易穿透骨頭等密度高的物質，所以這些部分會被擋住無法感光。還有，喝下安全無害且X射線不易穿透的硫酸鋇後再照X光，也可以診斷腸胃和消化道的病狀。

另外，也有從身體外用輻射線照射局部區域破壞體內的病變部位，以及用含有放射性物質的藥物治療的方法。

· 非破壞性檢查

利用輻射線容易穿過物質的性質，可以在不破壞物體的情況下檢查物體內部情況。譬如飛機的行李檢查就是利用X射線。另外，利用X射線和伽瑪射線，也可以檢查材料內部有無裂痕，或是測量材料的厚度。

· 消滅瓜實蠅

瓜實蠅是一種會在黃瓜或苦瓜等瓜類上產卵，把農作物吃光的害蟲。而在蛹期照射到伽瑪射線的雄蠅會不孕，與其交配的雌蠅產下的卵將不會孵化。因此在琉球群島便曾大量野放這種不孕的雄蠅，讓雌蠅與這些雄蠅交配，消滅了瓜實蠅。

· 追蹤劑

因為放射性物質一定會釋放輻射，所以可用能檢測輻射的檢測計來追蹤。例如將把二氧化碳中的碳原子換成具有放射性的碳14，讓植物進行光合作用，便可藉由追蹤碳原子來觀察二氧化碳在光合作用中會變成什麼樣的物質。

核反應

湯川秀樹

原子核相撞會產生能量。
太陽和核能發電的原理

發現的契機！

—— 湯川秀樹教授（1907～1981）在28歲時建立了支配原子核的「強作
用力」——「核力」理論。這是1935年的事對吧。

原子核集中在只有原子體積1萬分之1的狹小空間，且含有電中性的
中子。科學家們知道正電荷和負電荷會因庫侖力互相吸引，卻不知道
原子核內的中子和中子是被什麼力黏在一起的。2個同樣帶正電的質
子會因庫侖力互相排斥，但多個質子卻能穩定地存在於原子核中，代
表一定還有一種比庫侖力更強的引力存在。這就是核力。

—— 質子和中子被稱為「核子」，所以它們之間的力就叫核力（核子間的作
用力）；雖然是很單純的構想，但當時卻不存在任何理論能解釋核力
具體是怎麼作用的呢。

所以我才猜想這種交互作用應該是「某種粒子傳遞的結果」。這種力
雖然非常強大，但只能在原子核大小的短距離作用。根據這些性質，
我推測傳遞核力的粒子質量應該只有電子的200倍左右，剛好介於
核子和電子之間，並預言了這種新「粒子」——「介子」的存在。

—— 「質量介於中間的粒子」，真是個大膽的預言呢。後來這個「交互作
用是透過專門粒子的移動來傳遞」的概念，成為了指引往後100年粒
子物理學發展的基礎理論。

- 原子核的核反應前後，核子（質子、中子）的數量不變。
- 核子間的核力是種強大但作用距離短的力。
- 不穩定的原子核衰變時，會釋放出阿爾法射線、貝他射線、伽瑪射線。
- 原子核內的中子變成質子，釋放出電子，此現象叫做貝他衰變。
- 重元素的原子發生核分裂時，若使連鎖反應持續下去，便可放出龐大的能量。
- 輕元素的原子碰撞發生核融合時，會產生龐大的能量。這也是太陽能量的來源。

人類最早以人工誘發的原子核變換

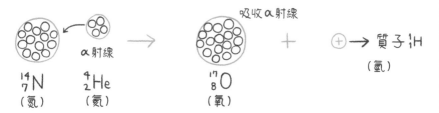

原子核變換

拉塞福於1919年
用 α 射線成功使
氮的原子核變換成氧。
α 射線（氦原子核）
被氮原子核吸收後，
彈出了質子。

在核反應中，反應前後的核子
數量不變。

湯川秀樹的介子論

原子核是由帶正電的質子和不帶電（電中性）的中子組成，而將核子（質子和中子）黏在一起的，則是湯川秀樹1934年預言的介子。然而直到被實際發現前，湯川秀樹預言的介子其實並未受到科學界太多注目。

1937年，美國的安德森在宇宙輻射中發現一種類似介子的粒子，隨後在1947年鮑威爾確認了介子的存在。然後1948年，科學家更成功用加利福尼亞大學的迴旋加速器（一種利用電磁鐵讓離子以螺旋狀加速的裝置）創造出介子。

科學家還發現介子有2個種類，質量較重且壽命較短的介子與核力有關，而質量較輕且壽命較長的與宇宙輻射有關。就這樣在1949年，湯川秀樹因為介子論的成就而成為第一位拿到諾貝爾（物理學）獎的日本人

過去人們以為構成物質的粒子只有質子、中子及電子。然而，後來科學家發現物質的構成還需要微中子，並且又發現了介子，除此之外還找到其他「基本」粒子。在現代，由於基本粒子的種類愈來愈多，科學家已想出一套分類系統加以整理，理論也更加完備。

 ## 核反應與化學反應

拉塞福用阿爾法射線將氮的原子核變換成氧，暗示了可用各種粒子撞擊原子核，任意製造出想要的原子核之可能性。就連把卑金屬（可大量生產便宜金屬）變成黃金的原子核都辦得到，可謂是「現代的煉金術」。

像這種改變原子核的反應統稱核反應，但核反應跟化學反應有何不同呢？

化學反應不會改變物質的原子核。在化學反應中，只有原子核周圍的電子會跟其他原子的電子發生交互作用。例如鈉和氯結合成氯化鈉的過程中，鈉原子會把電子傳給氯原子，氯原子會從鈉原子那裡得到電子，屬於化學性的結合。儘管這個反應已經非常激烈了，但核反應的能量交換卻比這還大上100萬倍。

核反應產生的能量之所以這麼大，是根據愛因斯坦的相對論──質量和

能量是等價的（公式 $E = mc^2$），因此核反應之後物質的質量會變小。譬如長崎原子彈爆炸的能量約有 9×10^{13} J（＝21兆cal），用 $E = mc^2$ 換算的話，m 差不多只有1g。換言之，在長崎核爆中只消耗了1g的質量，就足以創造 9×10^{13} J的能量來當成武器。

此外，其實化學反應也會讓物質的質量變小，只不過減少量小到可以無視，只有0.0000001%。

原子核捕捉中子

這裡要舉一個重要的例子，讓大家了解中子撞擊是怎麼回事。就是以中子撞擊鈾等重元素原子（核）的實驗。之所以不用質子而用中子，是因為中子不帶電，在原子核內不會被質子排斥（庫侖力）。

原子核捕捉到中子並將它吸進內部後會變得不穩定。而這正是人為製造放射性元素的其中一種方法。假如單一原子核內擁有很多核子，就很可能像圖1一樣在捕捉到中子後發生核分裂。

〔圖1〕 藉由中子撞擊使原子核分裂的實驗模式圖

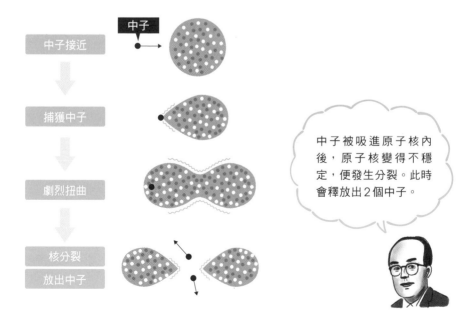

這 種 時 候 派 得 上 用 場 ！

 核分裂連鎖反應

　　這裡我們稍微談談「核分裂」的應用。在中子引發鈾原子核分裂的過程中，能量會被釋放出來。這股能量對1個原子核而言非常大，但對1g的原子集合體來說仍非常微小。

　　然而，如果這次分裂產生的2個中子，再去撞擊其他原子核呢？如此一來又會引發更多原子核分裂，繼續釋放中子。當這樣的連鎖反應發生時，事情就會變得很不得了。分裂的原子會像細菌繁殖一樣持續翻倍增加，並釋放出莫大的能量。微小的連鎖反應，最終將放出巨大無比的能量。這就是核能。

　　核分裂連鎖反應在人類史上最糟糕的應用例子，就是廣島和長崎的核爆。核彈爆炸就是在極短時間內發生極大量的核分裂連鎖反應，而核能發電則是在可控環境下，穩定進行少量的核分裂，並不斷持續下去，藉此產生熱能。

〔圖2〕 鈾235的連鎖反應情況

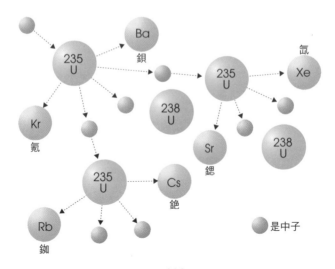

軼 事

 ## 太陽能：核融合

　　當輕質量的原子相撞時，有時會融合成一個新的原子。此時也會釋放出巨大的能量。尤其氫原子融合成氦原子時的能量格外巨大，會產生難以想像的能量。

　　自然界中最顯眼的例子就是太陽內部的核融合反應。在太陽內部，4個氫（電漿態，但因為電子全都被剝離，所以應該說是質子才對）會經過一連串複雜的反應合成為1個氦原子核。

　　此過程會放出無比龐大的能量，而這就是太陽的能量來源。根據太陽擁有的氫原子量來推算，有人認為太陽大概還可以燃燒100億年至1000億年。另外用生物來比喻的話，太陽目前仍處於「壯年」的階段。

〔圖3〕 **太陽內部的反應**（多個過程中的一例）

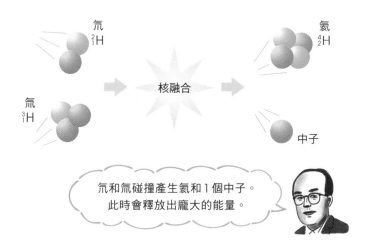

氘和氚碰撞產生氦和1個中子。
此時會釋放出龐大的能量。

時間和空間
的誕生

基本粒子和夸克

默里・蓋爾曼

物理學的終極追求，
構成物質的最小單位

發現的契機！

—— 默里・蓋爾曼先生（1929～2019），您提出了有關質子和中子內部結構的「夸克」模型對吧。

原子的中心是原子核，周圍環繞著電子。組成原子核的質子、中子，加上周圍的電子，這3種粒子合稱「基本粒子」，組成了宇宙中的一切——這樣的世界觀是不是很美呢？

只可惜，隨著粒子加速器的演進，科學家發現了更多新粒子。甚至有位因發現新粒子而拿到諾貝爾獎的科學家曾開玩笑道：「現在基本粒子實在太多了，以後再有人發現新粒子的話，都應該罰錢才對。」

—— 所以您才把所有粒子整理分類，在1963年提出「超基本粒子」的概念，並將其命名為「夸克（quark）」對嗎。

是的。但我原本想做的其實是建立一個可以完美解釋的數學模型。

—— 可惜夸克實在太難被發現了。甚至有人還因此提出「夸克不會單獨出現」的理論。

然而夸克模型在邏輯上的整合性非常優秀，所以後來不斷擴張，加入了各式各樣的性質。除了最初的 u（上夸克）、d（下夸克）、s（奇夸克）之外，又加入 c（魅夸克）、t（頂夸克）、b（底夸克）。

—— 然後就在這個時候，終於有人成功用實驗找到夸克的存在。

於是夸克終於從理論變成了現實！

▶ 構成物質的最小單位叫「基本粒子」。

▶ 構成物質的基本粒子分為夸克和輕子（lepton）2種。

▶ 質子、中子等「重子（baryon）」和「介子（meson）」都可以用夸克模型來解釋。

	第一世代	第二世代	第三世代
夸克	~0.002 u 上夸克	1.27 c 魅夸克	172 t 頂夸克
	~0.005 d 下夸克	0.101 s 奇夸克	~4.2 b 底夸克
輕子	≠0 Ve 電微中子	≠0 $V\mu$ μ微中子	≠0 $V\tau$ τ微中子
	0.000511 e 電子	0.106 μ 緲子	1.78 τ 陶子

※ 表中的數字為質量，以質子的質量為1（微中子的質量仍是未知）。

※ 各種夸克（u、d、c、s、t、b）都具有俗稱「色荷」（綠green、紅red、藍blue）的性質（自由度）。

重子（baryon）由夸克組成。此外還有一種以電子為首，名為輕子的輕盈粒子。

組成原子核的力是一種在夸克間作用的強作用力，有電磁力的100倍大。

尋找 atomos（基本構成元素）

打從上古時期，人們便相信自然界是由少數幾種元素排列組成的。

原子（atom）的語源來自希臘語的「不可分割之物（atomos）」。然而原子的內部其實還有更細微的結構。既然是可以被分割的，代表原子並不是「atomos」。

後來，人們又以為原子核是「atomos」，但很快便有人發現原子核是質子和中子的集合體。

之後很長一段時間，科學家相信質子和中子就是真正的「atomos」，但最後這個想法還是被夸克給推翻。而目前，科學界普遍相信夸克和輕子（電子等輕盈的粒子）是「atomos」。

就這樣，人類一步一步地發現了物質的分子結構、原子結構、原子核結構……逐漸認識物質的基本構成元素。在現代，基本粒子這個詞普遍指涉（存在於內部）比質子更小的存在。

〔圖1〕 各種「atomos」及其大小

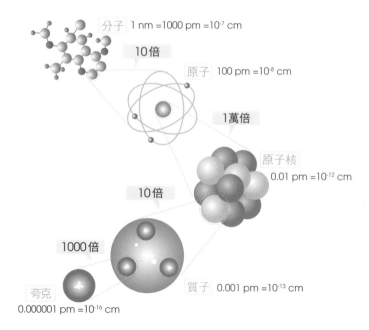

分子 1 nm =1000 pm =10^{-7} cm

10倍

原子 100 pm =10^{-8} cm

1萬倍

原子核 0.01 pm =10^{-12} cm

10倍

1000倍

質子 0.001 pm =10^{-13} cm

夸克 0.000001 pm =10^{-16} cm

重子的夸克模型

強子分為質子、中子等的重子（baryon）和介子（meson）2個大類。重子是由3個夸克組成，而介子由2個夸克組成。

除了強子之外，粒子家族中還有輕子（lepton）這個成員，電子和微中子皆屬於輕子家族。而所有的輕子都被視為「基本粒子」的一員。

組成質子、中子的上夸克、下夸克質量非常小。更奇怪的是，把組成質子的所有夸克的質量相加，總質量竟遠小於質子本身的質量。這種違背常理的「巨大質量缺失」，意味著質子和中子內部存在著非常巨大的「結合能」。而諸如此類的「夸克行為」便是現在粒子物理學最尖端的研究主題。

〔圖2〕 中子和質子的組成

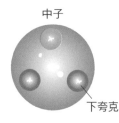

中子

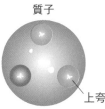

質子

下夸克

上夸克

中子和質子都是
由3個夸克組成的。

這種時候派得上用場！

基本粒子的研究沒有任何用處？

有一些人認為，追尋「atomos」的基本粒子研究純粹是為了滿足人類求知的欲望，對我們的生活沒有任何直接幫助。

然而，在追尋「atomos」的過程中得到的知識，其實在當代開闢了許多全新的研究領域，而這些研究擴散到應用領域後，每每為人類的世界觀帶

來巨大革命，促進了文明的進步。這個世界觀除了產業等日常生活外，也包括對整個宇宙在內的物質世界的認識。

19世紀初，法拉第在貴族們面前演示電磁感應實驗時（第153頁），貴族們曾詢問法拉第：「雖然你可以用電池製造電和磁鐵，並用它們移動一些小物品，但這到底有什麼用呢？」然而只過了短短100年，人類便邁入電力時代，在20世紀後電力更成為文明生活不可缺少的基石。

從能量的角度來看，基本粒子的研究也幫助人類用極簡單的方法，取得與以往無法相提並論的巨大能量。從馬力、牛力到蒸氣，然後再演變到電力，整個社會結構都發生了巨大變革。而這一切都得歸功於科學家在研究基本粒子時發現了核能的存在。

文明的革命不只是發生在能量層面，也發生在資訊層面。人類在不同階段對「atomos」的理解，使得人們取得了更加精緻的資訊處理方法。在現代，「資訊革命」正一波接一波地襲來，人類能處理的資訊量和處理速度都以幾何級數在增長。電晶體被要求愈做愈小，對處理效能的需求卻愈來愈高。

而持續為這些需求提供理論基礎，正是基本粒子研究的「實用性意義」。

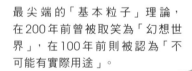

最尖端的「基本粒子」理論，在200年前曾被取笑為「幻想世界」，在100年前則被認為「不可能有實際用途」。

軼事

⦿ 利用微中子探測地球內部

　　1987年，建造在岐阜縣飛驒市（舊神岡町）礦山內的微中子探測裝置「神岡探測器」，捕捉到超新星爆發射出的微中子，一舉成名。而由這座裝置改造而成的反微中子探測器 KamLAND 也在地球物理學領域做出偉大貢獻。

　　這座探測器可以用很高的精度觀測低能量的微中子，且實際觀測到了來自地球內部的微中子。據此，科學家計算出地球內部放射性物質衰變產生的總熱量。

　　理論上，地球內部的放射性物質衰變會產生輻射，但因為內部物質的阻擋，這些輻射無法來到地球表面。因此科學界一直無法針對地心的輻射進行定量的討論。但與輻射一起被射出的微中子不會被地球內部的物質攔下，可以在地表進行精密的觀測。

　　結果，科學家算出地球內部因放射性物質衰變產生的總熱量約為200億 kW，相當於2萬座100萬 kW 的核能發電廠，約占地球整體發熱量440億 kW 的45%。換言之，科學家了解到地熱約有一半來自放射性物質的衰變。

　　目前推測剩下一半的熱量來自地球形成時，擁有巨大質量的小行星因重力（萬有引力）互相吸引結合時產生的能量。儘管這些知識早在地球物理學各領域的研究中被大致預測到，但用微中子的觀測證明這些推論後，科學家得以進行更精密的定量性討論。

時間和空間
的誕生

光速不變原理和
狹義相對論

光速在任何情況下都不會改變，
這個大前提孕育了「相對論」

愛因斯坦

發現的契機！

—— 曾在專利局當過技術人員的愛因斯坦先生（1879～1955），您在1905
年時提出對時空間的全新看法。您認為宇宙中唯一絕對不變的東西只
有光速（光速不變原理）。

我推翻了過去一直被大多數人默認為真理的「時間總是以等速從過去
流向未來，且宇宙中所有地方的時間流速相同」、「空間的長、寬、
高是絕對且不變的」等等時間和空間的天真認知！

—— 當時的物理學界相信，「光不可能在沒有物質的真空中前進，所以宇
宙中一定充滿了叫乙太的介質，負責傳導光線」對吧。

但假如乙太真的存在，那麼除非光源和觀測者跟乙太一起運動，否則
照理說光速應該會隨傳播的方向而改變。但實際上不論從哪個方向測
量，光速是一致不變的。所以我便埋頭研究「當觀測者跟光一起移動
時，看到的光會是什麼樣子」這個問題，試著找出答案。

—— 假如觀測者跟光用相同速度移動的話，光線看起來應該會是靜止不動
的。

沒有錯。然而，靜止不動的光是不可理解的。所以我便試著先假定
「光速不論在什麼情況下都不變」，結果就想出了「狹義相對論」。

光速不變原理

▸ 宇宙中唯一絕對不變的事
物只有光速。

> 光速約為30萬km/s。
> 繞地球一圈的距離約4萬km，
> 所以光1秒鐘就能
> 繞地球7圈半！

狹義相對論

▸ 隨著觀測者之間的相對速
度不同，空間會收縮，時間也會變慢。

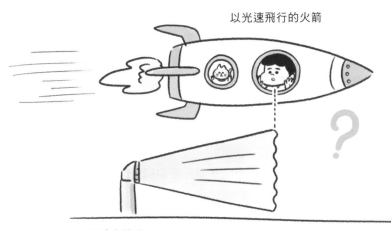

以光速飛行的火箭

地球上的光

> 坐在光速飛行的火箭上
> 觀測地面上的光，
> 光看起來會是靜止的嗎？

為了使光速保持不變，就必須
放棄時間和空間的絕對性。

什麼是光速不變原理？

　　我們搭電車的時候，假如旁邊還有一輛以相同速度、相同方向並行的電車，那麼那輛電車看起來會像是靜止的。同理可證，假如我們用光速與光線並行，那光線看起來也該是靜止不動。然而，年輕時的愛因斯坦曾為這件事感到十分苦惱。因為他無法想像停止的光。

　　當時的物理學家曾做過詳細的研究，並發現不論是讓觀測者移動，還是讓光源移動，測量到的光速都沒有變化。換言之，不論光源或觀測者以多快的速度移動，觀測到的光速永遠是30萬km/s。

　　愛因斯坦煩惱到最後得出一個結論，那就是「既然光速怎麼測都不變，那就乾脆假設不論觀測者以多快的速度運動，光速都不會改變好了！」。這就是光速不變原理。

　　直至目前為止，還沒有任何實驗成功推翻這個原理。

根據狹義相對論，空間和時間都會收縮

　　狹義相對論就是建立在光速不變原理和狹義相對性原理（不論觀測者是靜止還是運動，觀測到的自然定律都一樣）這兩大支柱上。

　　當一輛電車從靜止的狀態加速發車時，對電車上的乘客而言電車的長度不會發生改變。不過，在地面上的人看來，電車行駛時的長度會比靜止時更短。

　　假設這輛電車的時速是光速的一半（現實中電車不可能跑到這麼快，但粒子可以輕易用粒子加速器達到這個速度）。此時，電車的長度會縮短至86%。假如這輛電車全長100m，那麼發車後電車的長度會變成86m。

　　在地面上的人看來，電車上的人和物都會變扁。這不是錯覺，對地面上的人來說是事實。但縮短的並不是電車本身，而是整個電車內的空間（座標系），所以就算在電車上用尺去量，也量不出電車有縮短。

　　而時間的部分就更不可思議了。把2個速度完全相同的時鐘分別放在地面上和電車上，然後記錄它們的時間。當電車移動時，電車內的時鐘走得會比地面上的時鐘更慢（正確來說，這是地面上的人看到的情況）。若電車以光

速的一半的速度行駛，則地面的時間流逝100秒時，電車上只會流逝86秒（圖1－a）。

　　地面與列車的差異純粹只有彼此的相對速度不一樣。假如換個角度從電車觀察地面，地面上的人和物看起來也會變扁。而且在電車上的人看來，地面上的時間也會流逝得比較慢（圖1－b）。

　　換言之，不論是身在地面系統的人還是電車系統內的人，他們看到的情形都是一樣。並沒有誰比誰更正確，**雙方都只是站在「自己的角度」觀看「對方的過去」。因此雙方觀測到的物理定律是一致的。**

〔圖1〕 各自從「自己的角度」觀察「對方的過去」

（a）站在地面的人看到的電車內

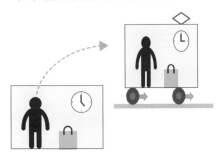

（b）電車內的人看到的地上的人

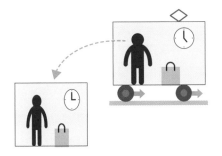

對地面的人而言……

空間：電車內的人和物看起來都變扁了。

時間：電車內的時鐘跑得比地面的時鐘慢。

對電車內的人而言……

空間：地面上的人和物看起來都變扁了。

時間：地面上的時鐘跑得比電車內的時鐘慢。

雙方都從自己的角度觀測到對方的過去
↓
對兩方而言自然定律都沒有被打破

質量和等量的等價性（$E = mc^2$）

狹義相對論揭示了一個很重要的概念，那就是質量和能量等價，兩者只差在一個光速的平方，也就是愛因斯坦的質能轉換方程式 $E = mc^2$。

在此之前人們以為質量和能量是完全不同的存在，但狹義相對論把兩者統合起來。實際上，物質在釋放能量後質量的確有所減少。這叫做「質量缺陷」。

空間就像蹦床的網子？

愛因斯坦的相對論包含本節介紹的狹義相對論，以及廣義相對論。廣義相對論主要是為了解決狹義相對論沒有解決到的重力問題，由愛因斯坦和其他數學家耗費10年的時間一同完成的。

根據廣義相對論，時間在沉重的物體（重力強大的物體）周圍流速會變慢。光基本上是直線前進的，但假如行進路線上存在強大的重力場，空間就會凹陷。你可以把空間想成一張蹦床的網子，而沉重的物體會把這張網子壓陷。光在沿著網子直線前進時，會因為「場的凹陷」需要花更多時間才能通過，因此時間的流速就變慢了。

另外，當有極端龐大的質量集中在一起，使這個凹陷變得太深時，一旦光線進入便再也沒辦法離開。這就是黑洞。

〔圖2〕 光沿著重力場的凹陷前進之示意圖

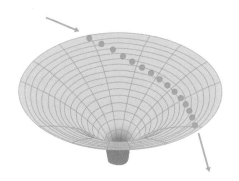

羅傑・潘洛斯因用數學證明廣義相對論對黑洞的預測是正確的，在2020年拿到諾貝爾物理學獎。

現代生活不可或缺的 GPS

「GPS（Global Positioning System，全球定位系統）」的技術就利用到了相對論。GPS的原理是利用人工衛星收發電波來判斷位置。手機和汽車導航就是利用這項技術來取得精確的定位，是現代生活不可或缺的系統。

GPS衛星約以1萬4000km/h（約4km/s）的高速移動，因此從地球上看起來「時間流逝得比較慢」（狹義相對論）。同時，GPS衛星位在距離地球約2萬km的高空運行。由於離地球愈遠，地球重力的影響愈弱，因此會發生與「在沉重物體周圍時間會變慢」相反的「遠離沉重物體時時間會變快」的現象（廣義相對論）。

這2種現象中，廣義相對論的效應「時間變快」對現實的影響更大，因此GPS衛星上的時鐘會跑得比較快，大約每天會快30μ秒（0.00003秒）。乍看之下似乎沒什麼大不了，但這個微小時差會讓定位資訊出現每小時400m的誤差。

因此，GPS衛星的時鐘上搭載了可自動修正這個誤差的機能。要是放著這個誤差不管，GPS的定位資訊將失去應有的精度（由衛星的位置控制能力決定，可偵測出地表數m範圍內的詳細資訊），無法投入實用。

同時，也有人提出讓超精密時鐘在地球上方巡邏，應用廣義相對論進行「雲端監測（cloud sensing）」的新方法。因為這麼做可以即時觀測地球內發生的重力變動。這項技術未來有望應用在地殼變動的研究和地下資源的開發等領域。

書籍

- 《人物でよむ物理法則の事典》米沢富美子等著，朝倉書店
- 《人物で語る物理入門　上・下》米沢富美子著，岩波書店
- 《科学史人物事典》小山慶太著，中央公論新社
- 《発明発見図説》相川春喜・山崎俊雄・田中実著，岩崎書店
- 《道を開いた人びと　世界発明発見ものがたり》道家達将・大沼正則・板倉聖宣，筑摩書房
- 《科学者伝記小事典　科学の基礎をきずいた人びと》板倉聖宣著，假説社
- 《科学思想史》坂本賢三著，岩波書店
- 《科学史技術史事典》伊東俊太郎・山田慶児・坂本賢三・村上陽一郎編，弘文堂
- 《新　物理の散歩道　第1集～第5集》Logergist著，筑摩書房
- 《科学史ひらめき図鑑》スペースタイム著、杉山滋郎監修，Natsume社
- 《費曼物理學講義I　力學（ファインマン物理学I　力学）》理察・費曼著、坪井忠二譯，岩波書店
- 《熱力学の基礎》清水明著，東京大學出版會
- 《低温「ふしぎ現象」小事典》低温工学・超電導學會編，講談社
- 《改訂版　流れの科学　自然現象からのアプローチ》木村竜治著，東海大學出版會
- 《ゼロからのサイエンス　よくわかる物理》福江純著，日本實業出版社
- 《親切な物理　上・下》渡辺久夫著，正林書院
- 《科学年表　知の5000年史》Bryan Bunch & Alexander Hellemans著、植村美佐子等編譯，丸善出版
- 《相対性理論》江沢洋著，裳華房
- 《超流動》山田一雄・大見哲巨著，培風館
- 《科学と科学教育の源流》板倉聖宣著，假説社
- 《日本大百科全書（ニッポニカ）》小學館
- 《原子》尚・佩蘭著、玉虫文一譯，岩波書店
- 《十二世紀ルネサンス》伊東俊太郎著，講談社
- 《混沌の海へ》山田慶児，朝日新聞出版
- 《窮理　6号》村上陽一郎・朝永惇等著，窮理舎
- 《Newtonニュートンspecial issue世界の科学者100人　未知の扉を開いた先駆者たち）》竹内均監修，教育社
- 《新しい高校物理の教科書》山本明利・左巻健男編著，講談社
- 《素顔の科学誌　科学がもっと身近になる42のエピソード》左巻健男編著，東京書籍
- 《面白くて眠れなくなる物理パズル》左巻健男著，PHP editors group
- 《2時間でおさらいできる物理》左巻健男著，大和書房
- 《話したくなる！　つかえる物理》左巻健男編著，明日香出版社
- 《図解　身近にあふれる「物理」が3時間でわかる本》左巻健男編著，明日香出版社
- 《やさしく物理　力・熱・電気・光・波》夏目雄平著，朝倉書店
- 《やさしい化学物理　化学と物理の境界をめぐる》夏目雄平著，朝倉書店
- 《理科年表2019》《理科年表2020》國立天文台編，丸善出版
- 〈クッタとジュコフスキーの翼理論　ながれ　1973 Vol.5 No.4〉谷一郎
- Paar,M.J., & Petutschnigg,A. Biomimetic inspired, natural ventilated façade-A conceptual study. Journal of Facade Design and Engineering.
- Jackson,J.D. Osborne Reynolds: Scientist, engineer and pioneer. Proceedings of the Royal Society of London.

網頁資源

- MacTutor History of Mathematics Archive
  https://mathshistory.st-andrews.ac.uk/

- Rorres,C. "ARCHIMEDES".
  https://www.math.nyu.edu/~crorres/Archimedes/contents.html

- Thayer, B. "Marcus Vitruvius Pollio: de Architectura, Book IX".
  http://penelope.uchicago.edu/Thayer/E/Roman/Texts/Vitruvius/9*.html

- Gard News 209. "満載喫水線"
  http://www.gard.no/Content/20735297/27_Load_lines_jp.pdf

- Simpson, D. "Blaise Pascal". The Internet Encyclopedia of Philosophy.
  https://iep.utm.edu/pascal-b/

- Blaise Pascal From 'A Short Account of the History of Mathematics' by W. W.
  Rouse Ball.
  https://www.maths.tcd.ie/pub/HistMath/People/Pascal/RouseBall/RB_Pascal.
  html

- Oki."ベルヌーイの定理 ―流体のエネルギー保存の法則",
  https://pigeon-poppo.com/bernoullis-theorem/

- 松田卓也,(2013, July 17),"飛行機はなぜ飛ぶのかまだ分からない??
  翼の揚力を巡る誤概念と都市伝説"
  http://jein.jp/jifs/scientific-topics/887-topic49.html

- p29 https://mainichi.jp/articles/20160425/mul/00m/040/00700sc

- p73 圖2:https://oku.edu.mie-u.ac.jp/~okumura/stat/pendulum.html

- p85 圖3:https://www.dainippon-tosho.co.jp/unit/list/PS.html

- p96 圖1:http://www.ecoq21.jp/ecoheart/cat08/ecoheart08-2.html

- p105 圖6:http://www.tbcompany.co.jp/service/lightning/04.html

- p111 圖3:https://kids.gakken.co.jp/kagaku/kagaku110/science0281/

- p152 圖4:http://ihreport.wp.xdomain.jp/shikumi

- p204 圖1:http://www.i-berry.ne.jp/~nakamura/contents/slit_wave_length/slit_
  wave_length.htm

- p247 圖4(a):http://weather.is.kochi-u.ac.jp/events/000221_Karman_Vortex/

- p298 圖2:http://shinbun.fan-miyagi.jp/article/article_20131210.php

- p302 圖1:https://studyphys.com/radiation/

◉ 左卷健男

1949年生，先後歷任東京大學教育學部附屬中・高等學校（現：東京大學教育學部附屬中等教育學校）教諭，京都工藝纖維大學教授、同志社女子大學教授、法政大學生命科學部環境應用化學科教授、法政大學教職課程中心教授等職。現為東京大學講師。中學校理科教科書（新科學）編輯委員。專長是理科教育。除對大學生的講義、理科老師的理科教育指導外，有時也會替小學生上課，以及面向一般大眾的「看破偽科學的方法」等課程。著有《面白くて眠れなくなる人類進化》（PHP Editors Group）、《新しい高校化学の教科書》（講談社Bluebacks）、《暮らしのなかのニセ科学》（平凡社新書）、《身近にあふれる「科学」が3時間でわかる本》（明日香出版社）、《趣味物理研究所》（楓葉社文化）、《有趣到睡不著的化學》（快樂文化）等。

- ▸ 虎克定律
- ▸ 力的平行四邊形定律
- ▸ 萬有引力定律
- ▸ 第一運動定律（慣性定律）
- ▸ 第二運動定律（運動定律）
- ▸ 第三運動定律
  （作用力反作用力定律）
- ▸ 單擺定律
- ▸ 槓桿原理（槓桿定律）
- ▸ 功的原理
- ▸ 力學能守恆定律
- ▸ 能量守恆定律
- ▸ 電和電流迴路

- ▸ 磁和磁鐵
- ▸ 焦耳定律
- ▸ 右手定則
- ▸ 弗萊明左手定則
- ▸ 法拉第電磁感應定律
- ▸ 熱與溫度
- ▸ 波以耳－查理定律
- ▸ 熱力學第零定律
- ▸ 原子的結構
- ▸ 原子和分子
- ▸ 輻射能、輻射線

◉ 大西光代

科普作家、
博士（水產學）

- ▸ 阿基米德原理
- ▸ 帕斯卡原理
- ▸ 白努利定律
- ▸ 庫塔－儒可夫斯基定理
- ▸ 雷諾相似準則

◉ 田中岳彥

前縣立高中教師（物理），
現為自由作家

- ▸ 動量守恆定律
- ▸ 角動量守恆定律
- ▸ 歐姆定律
- ▸ 克希荷夫定律
- ▸ 庫侖定律
- ▸ 熱力學第一定律
- ▸ 熱力學第二定律

◉ 夏目雄平

千葉大學名譽教授
（理學系物理）

- ▸ 電磁波
- ▸ 熱力學第三定律
- ▸ 核反應
- ▸ 基本粒子和夸克
- ▸ 光速不變原理和狹義相對論

◉ 山本明利

北里大學
理學部教授

- ▸ 慣性力
- ▸ 波的波長和頻率
- ▸ 聲音三要素
- ▸ 波的疊加原理
- ▸ 惠更斯原理
- ▸ 反射、折射定律
- ▸ 光的波動說和微粒說
- ▸ 光的色散和頻譜
- ▸ 光的繞射和干涉
- ▸ 都卜勒效應

全書設計	小口翔平＋喜來詩織＋三沢稜（tobufune）
插圖	meppelstatt
DTP・圖版製作	宇田川由美子
編輯協力	神保幸惠
編輯	綿ゆり（山與溪谷社）

HAJIMARI KARA SHIRU TO OMOSHIROI BUTSURIGAKU NO JYUGYOU
© TAKEO SAMAKI 2020
Originally published in Japan in 2020 by Yama-Kei Publishers Co.,Ltd.,TOKYO.
Traditional Chinese translation rights arranged with Yama-Kei Publishers Co.,Ltd.,
TOKYO, through TOHAN CORPORATION, TOKYO.

發現契機 × 原理解說 × 應用實例

跟科學家一起認識構築世界的50個物理定律

2021年10月1日初版第一刷發行
2023年2月15日初版第二刷發行

編　　著	左卷健男
譯　　者	陳識中
編　　輯	劉皓如
美術編輯	黃瀞瑢
發 行 人	若森稔雄
發 行 所	台灣東販股份有限公司
	＜地址＞台北市南京東路4段130號2F-1
	＜電話＞（02）2577-8878
	＜傳真＞（02）2577-8896
	＜網址＞http://www.tohan.com.tw
郵撥帳號	1405049-4
法律顧問	蕭雄淋律師
總 經 銷	聯合發行股份有限公司
	＜電話＞（02）2917-8022

國家圖書館出版品預行編目（CIP）資料

跟科學家一起認識構築世界的50個物理定律：發現
契機 × 原理解說 × 應用實例 / 左卷健男編著；陳
識中譯 . – 初版 . – 臺北市：臺灣東販股份有限公
司, 2021.10
328面；14.8×21公分
譯自：始まりから知ると面白い物理学の授業
ISBN 978-626-304-865-2（平裝）

1.物理學 2.通俗作品

330　　　　　　　　　　　　　　　　　　110014576